乡村振兴实用技术培训教材

养兔与兔病防治

李雪莲　季建莉　主编

中国农业大学出版社
·北京·

内容简介

本书为新疆农业职业技术学院中国特色高水平高职学校建设农牧民培训教材。为服务地方经济发展，满足广大农民养殖户的需求，普及农业科学技术知识，本书紧扣服务乡村振兴这一主题，围绕养兔、兔群繁殖与兔病防治中的关键技术环节，设置若干工作任务，为完成工作任务补充所需相应的技术理论知识。通过学习书中介绍的理论知识和技术操作，能够高效解决生产实践中关于养兔、兔病防治和繁殖的综合问题，助力乡村振兴，提高农民收入。

本书可作为高等职业畜牧兽医专业拓展教材或新型农民培训教材，也可作为养兔专业户的参考书。

图书在版编目(CIP)数据

养兔与兔病防治/李雪莲，季建莉主编. -- 北京：中国农业大学出版社，2024.6

ISBN 978-7-5655-3097-5

Ⅰ.①养… Ⅱ.①李… ②季… Ⅲ.①兔-饲养管理 ②兔病-防治
Ⅳ.①S829.1②S858.291

中国国家版本馆 CIP 数据核字(2023)第 216146 号

书　　名 养兔与兔病防治
作　　者 李雪莲　季建莉　主编

策划编辑	田树君　张　玉	**责任编辑**	田树君
封面设计	李尘工作室		
出版发行	中国农业大学出版社		
社　　址	北京市海淀区圆明园西路 2 号	**邮政编码**	100193
电　　话	发行部 010-62733489，1190		读者服务部 010-62732336
	编辑部 010-62732617，2618		出　版　部 010-62733440
网　　址	http://www.caupress.cn	**E-mail**	cbsszs@cau.edu.cn
经　　销	新华书店		
印　　刷	河北朗祥印刷有限公司		
版　　次	2024 年 9 月第 1 版　　2024 年 9 月第 1 次印刷		
规　　格	170 mm×240 mm　　16 开本　　14.75 印张　　178 千字		
定　　价	49.00 元		

图书如有质量问题本社发行部负责调换

编写人员

主　编　李雪莲（新疆农业职业技术学院）
　　　　　季建莉（新疆农业职业技术学院）

副主编　许　芸（新疆农业职业技术学院）

参　编　陶乔孝慈（新疆农业职业技术学院）
　　　　　李　勇（新疆兆禾农业科技有限公司）
　　　　　王雪竹（新疆农业职业技术学院）
　　　　　阮　江（新疆泰昆集团昌吉饲料有限责任公司）

前 言

党的二十大报告指出，发展乡村特色产业，拓宽农民增收致富渠道。近年来，随着我国畜牧业的迅速发展，兔业生产进入快速发展阶段，正由传统的小规模饲养方式向规模化、集约化和标准化方向发展。为了适应当前兔业发展形势，助力乡村振兴，帮助农民增收，笔者总结了近年来我国兔业科学研究成果和实践经验，借鉴国内外最新研究进展，组织相关专家编写了《养兔与兔病防治》。本教材突出实用性、先进性、针对性、特色性，旨在提高农民的技术技能水平，推动广大农民学科学、信科学、懂科学，运用现代科学技术知识改变生产方式、生活方式和思维方式，依靠科技进步调整农牧业经济结构，转变经济增长方式，实现农业增效、增收，助力新农村发展，为新疆畜牧业发展做出积极贡献。

本教材采用项目化教材编写体例，围绕养兔与兔病防治关键技术环节设置项目。在项目下以生产技术流程、关键岗位工作任务为依据，设置若干工作任务；为完成工作任务，以从业者应掌握的技术理论知识、任务实施所需实用技术规范及注意事项和任务拓展为编写内容确定编写体例。通过学习本教材中介绍的理论知识和技术操作，能够高效解决养兔生产实践中遇到的问题，教材内容丰富翔实，涵盖面广，具有较强的实用性和可操作性。

本教材共分六个项目，具体编写分工如下：概述、项目一家兔品种、项目五家兔的饲养管理由李雪莲编写；项目二家兔的营养需要与饲料配方设计由许芸编写；项目三兔场的建设与环境调控、项目四兔群的繁殖技术由季建莉编写；项目六常见兔病防治技术由陶乔孝慈和李勇编写。全书由李雪莲统稿。在本教材编写过程中，新疆泰昆集团昌吉饲料有限责任公司区域配方师院江在项目二家兔的营养需要与饲料配方设计的任务编写中给予了中肯的建议和意见，王雪竹对文稿进行了校对。感谢在编写过程中给予指导和帮助的朋友们！

本教材语言通俗易懂，图文并茂，内容丰富，重视知识创新，理论联系实际，能够适应广大农民的需要。

在编写过程中，尽管做出了很大的努力，但是由于编者水平有限，书中疏漏之处在所难免，望各位读者批评指正。

编　者

2024 年 2 月

目　录

概述

一、我国兔产业发展意义

养兔业作为畜牧业的重要组成部分，随着畜牧业的发展越来越受到人们的重视。养兔业可为人类提供肉、皮、毛等优质产品，同时也是农民脱贫致富的一条重要途径。因此，发展养兔业具有广阔的前景。

1. 家兔能够提供优质产品　家兔可为人类提供肉、皮、毛等多种产品，具有很高的经济价值。兔肉营养丰富，鲜肉蛋白质含量高达21%，比猪、牛、鸡肉高2.4%～5.3%及以上。氨基酸种类齐全，含量丰富，还有丰富的B族维生素及铁、磷、钾、钠等常量元素和铜、锌、钴等微量元素，其营养价值与消化率均居各种畜禽肉类之首。研究表明，兔肉具有高蛋白、高磷脂和高消化率等特点，又是低脂肪（9.76%）、低胆固醇（65 mg/100 g）和低热量的理想食品，对老、幼、孕、弱、病者均有滋补作用。常吃兔肉，不但身体不易发胖，而且还有预防人体动脉硬化、高血压和心脏病等保健功效，故兔肉被称为“健美肉”“益智肉”。兔肉肌纤维细嫩，胶原纤维含量少，消化率达85%，高于其他肉类。

家兔的毛是高级纺织原料，具有轻、软、美等特点，兔毛纺织品越来越受国内外人士的欢迎。兔皮可以鞣制成裘和革，制成各种精美的服装、帽子、围巾和其他装饰品。

家兔是性情温顺的小动物，易于保定，血管明显，采血容易，是药检、医学院校理想的实验动物。同时，家兔的肝脏、睾丸、小脑等又是贵重的制药原料，发展养兔业有利于促进我国医学事业的发展，对人民的生活和健康大有裨益。

2. 家兔生产力强，饲料转化率高　肉兔是典型的高效节粮型小动物，具有繁殖率高、生长快和生产周期短等特点。家兔生长发育快、性成熟早、繁殖力强。通常一只小兔满月时可达到 0.5 kg 左右，3 月龄可达到 2.5 kg 左右，5 月龄开始性成熟，七八月龄即可配种繁殖生产。一般一只母兔一年可产仔 5～6 胎，可产下仔兔 30 只以上。如果将一只母兔在 24 个月内生下的后代都留下用以繁殖，则经过 2 年便可发展到 1 000 只左右。如果每只仔兔都养 4 个月，在体重 3 kg 以上时出售，那么就是 3 t 左右的活重，这种繁殖速度和产肉重量是饲养任何家畜都不能相比的。在良好的饲养条件下，肉兔 70 日龄可达 2.5 kg 出栏体重，其料肉比在 3∶1 左右。而其饲料中，一多半是草粉和其他农副产品。与目前家养动物相比，家兔以草换肉、以草换皮和以草换毛的效率是很高的。

在实际生产中，肉兔既适宜规模化、工厂化饲养，也适宜家庭个体小规模饲养；既能有效地利用自然资源，又可解决林、牧业之间的矛盾，保护生态环境。目前，饲养肉兔已是“菜篮子”工程的一个重要内容，也是乡村振兴、加快农民致富的优选项目。

3. 为农业提供优质肥料　兔粪尿是优质有机肥料，1 只成年兔每年可积肥 100～150 kg。兔粪尿中的氮、磷、钾含量远远高于其他畜禽粪尿。据测算，100 kg 兔粪相当于 10.84 kg 硫酸铵及 1.79 kg 硫酸钾的肥效。而且兔粪尿肥料还有改善土壤结构、增加土壤有机质、提高土壤肥力及减少蝼蛄、红蜘蛛、黏虫等地上或地下害虫危害的作用。生产实践证明，施用兔粪尿肥料，可使土壤有机质含量提高40%～42%，含氮量提高42%～45%；可使小麦增产25%～35%，早稻或晚稻增产20%～25%，对玉米、油菜等农作物也有普遍的增产效果。在果园、茶园、林园、竹园等种植园地作基肥施用，能使果、茶、林、竹等长势良好，并获得丰收。

二、未来我国兔产业的市场前景展望

目前来看兔肉消费依然是国内兔养殖行业发展的主要推动力，国内的兔肉消费推广具有较大的潜力，随着互联网产业的发展，互联网营销作用已经显现，越来越多的网红产品在市场上出现，将有力带动兔肉消费量的增长。国内兔养殖产区向新疆、陕西、贵州等地转移，虽然中西部一些饲草资源丰富的地区开展兔养殖行业具有明显优势，但是这些新产地的兔肉销售问题尚未完全得到解决。而在加工领域，现有的兔肉加工产品多属于粗加工，仅局限于爆炒、熏烤、风味肉干等中式传统种类，产品同质化严重，缺乏竞争力。方便烹调的兔肉半成品或多样化的便于储藏的高质量产品在市面上还十分鲜有。此外，加工产品保鲜技术落后，质量档次和附加值不高，难以适应市场竞争。在兔肉价格起伏较大的背景下，相关肉类加工企业或许将面临更广阔的市场机遇与更大的挑战。

三、兔产业发展存在问题

1. 品种退化严重　中国肉用兔、兼用兔、皮用兔的育种体系还不完善。保种力度不够，多数农户缺乏品种基本知识，盲目引种，近亲交配，品种退化严重。特别是在种源不足时，不加选择地使用种兔，导致家兔品种良莠不齐，生产性能下降，影响了养兔业的发展。

2. 饲料营养与兔业发展不相符　目前家兔统一的营养标准较少，饲料质量千差万别，缺乏专门生产兔配合饲料的厂家，散养户由于规模小，以青草配合粉料饲喂为主，随意性较大。规模化兔场饲料生产中遇到的最大难题是粗饲料难以解决。一些养兔户还延用粗放经营的模式，导致饲料营养供给不平衡，饲料转化率低，并且兔群消化道疾病多发，尤其是幼兔的消化机能更差，死亡率极高。

3. 农户养兔疾病防治体系不健全　很多养兔户轻视平时预防，对兔群缺乏科学的免疫和驱虫制度，一些兽用生物厂家、兽药生产厂家及饲料厂家，没有组织生产兔专用的疫苗、药物和添加剂，养兔户很难购买到所需的疫苗、兽药，导致防疫跟不上、治疗不及时，结果是兔群病原混杂，轻者影响兔群的健康和生长，重者造成批量死亡。随着规模化养兔的出现，新养兔场（户）的增加，主要疾病呈现上升趋势，特别是兔瘟（非典型性居多）、呼吸道疾病（传染性鼻炎为主）、魏氏梭菌病、球虫病和真菌病，给生产造成一定经济损失，对养殖兔场造成沉重打击。

4. 饲养技术、社会化服务滞后　由于缺乏政策引导和信息服务，科学养兔技术不普及，养兔技术培训和技术推广工作开展得很少，社会化服务组织少、力量薄弱，家兔的疫病防治、饲草饲料生产、兔产品加工销售，基本依靠企业或农民自己解决，缺少辐射带动能力的龙头企业。大部分地区的养兔户仍采用传统的饲养方法进行生产，只强调家兔吃草特性，精料过少和过于单一，造成营养不均，发育不良，生产性能低下。兔笼兔舍脏乱、潮湿，环境污染严重，没有一套完整的消毒防疫制度。更有甚者，兔场既无系谱，又无生产记录，进行血配、近亲交配，造成兔生长发育受阻，生产性能下降。

5. 销售渠道单一，产品开发滞后　中国的兔产品大多以兔肉、兔毛和原皮出口，兔农更是以活兔或原毛出售，产品附加值低，受国际市场需求影响较大。养兔业的规模小、生产水平参差不齐，很容易被国外市场或其他行业冲垮，不能适应兔产品生产发展和人们的消费需求。

四、兔产业发展对策

1. 引导消费，扩大市场需求，发展绿色兔肉生产　积极引导消费，扩大市场需求，加大兔产品开发广度和深度，减少对出口和外销的依赖。国际市场价格虽好，但市场容量有限，应该把重心放在国内，把国内市场做大。中国兔肉消费水平还很低。兔肉消耗量不足肉类总消费量的1%，年人均消费水平只有0.2 kg。随着人们对绿色食品、环境保护、可持续发展和动物福利认识的不断提高，以肉兔为主的规范化养殖成为发展主流，在全球兴起绿色消费的浪潮下，发展绿色兔业势在必行，以实现兔产品的高质量和无残留（农药、兽药、病原微生物、重金属等）。应鼓励地方性从事兔产品收购、加工、运输和销售企业的发展，注重地方性企业和地方性市场的作用。

2. 建立良种繁育体系　畜牧主管部门要加大对种兔场的监督和管理力度，培育和维护正常的种兔生产和市场秩序。加快良种繁育体系建设，依靠科研力量，建立稳定可靠的优良种源基地，不断加强品种改良，优化杂交组合，提高养兔的科技含量和良种率。良种兔推广应纳入畜牧业良种推广工程，从技术、资金、管理上支持良种兔场的建设。以满足社会化生产对种源的要求。

3. 提高规模化技术管理水平　各级畜牧主管部门应加强领导、

组织、协调和扶持，转变观念。重视科技培训，加强与有关大专院校、科研院所及行业组织的技术合作，加大科普宣传和推广的力度。加快养兔科学技术的推广应用，提高兔业科技含量和生产水平。实行标准化饲养，种植优质牧草及利用农作物秸秆，充分利用当地的饲料资源，开发家兔的配合饲料生产，对规模化兔场推广兔用全价颗粒料，解决家兔营养不平衡的问题，以提高饲料转化率，降低饲养成本，提高养殖户的饲养与管理水平。

4. 健全疫病防控体系　制定科学免疫程序，健全疫病防控体系，各地可根据本地区疫情发生情况，针对性地制定适合本地区的防疫程序，科学用药，及时监控，防止传染病和普通病的地方性流行。

5. 做好产品深加工，提高产品加工技术　中国养兔业多年来的动荡起伏，主要原因是没有解决好产品的深加工、产品及成品的销售和市场开发问题。肉兔加工的方向是利用高新技术进行肉兔的全方位深加工，特别是对兔副产品的深加工，这是中国兔业的发展重点、难点，也是未来兔业投资的热点之一。建议建立兔产品加工企业，以调节供求余缺，提高养兔业抵御市场风险的能力，拉长产业链，提高产品附加值，提高综合经济效益。

6. 增加兔业科技投入力度　加大兔产业科技投入力度，尽快攻克兔产业关键技术，提高养兔生产率。与其他畜禽相比，各地在家兔方面的科研投入相对较少。我国是世界养兔大国，加大对兔业科技的投入，受益的首先是我国广大养兔户和养兔企业。建议在国家成立兔产业技术体系的基础上，重点产区建立本区域的兔产业技术体系。采取地方与国家联合攻关的方式，攻克制约养兔生产的关键技术难题，支持兔业的健康及可持续发展。

7. 优化兔产业结构，进一步促进产业升级　继续坚持“以肉兔为重点、毛兔和獭兔适度发展、宠物兔和实验兔为补充”的原则，进行规划引导。西部和北部地方政府应积极做好“东兔西移、南兔北迁”产业承接工作，抓好产业配套措施，鼓励中西部具有饲草资源的地区发展兔业。继续推动兔产品加工企业发展，大力促进兔产品营销，逐步解决兔产业发展中“加工和营销”的瓶颈问题，促进兔产业整个产业链的健康发展。

8. 积极应对产业风险，减缓对产业的冲击　近年来，通过结构调整，很多分散养殖或小规模养殖户退出，家兔养殖的规模化程度有了较大提升。表面上看，养殖场（企业）的风险应对能力要强得多，但小场（户）有小场（户）的风险，大企业有大企业的风险，大企业平时可能风险不大，但一旦遇到风险则可能是生死攸关。因此，政府应从兔产业面临的自然风险和市场风险特点出发，通过制定保险政策，建立产业发展基金等，减缓大中型兔场（企业）由于资金链断裂、市场销路不畅等风险带来的损失。另外，政府要加强市场和产业监测预警，提供及时可靠的信息。

项目一

家兔品种

任务一　家兔的分类

一、家兔在动物学上的分类

根据家兔的起源、生物学特征和解剖特征，家兔在动物学上属动物界脊椎动物门脊椎动物亚门哺乳纲兔形目兔科兔亚科穴兔属穴兔种家兔变种。如今饲养的各种家兔都是由野兔驯化和培育而来的。在分类学上，野兔有两类，一类为穴兔，另一类为旷兔。家兔是由穴兔驯化的，而分布在我国的各种野兔都为旷兔，不是家兔的祖先，存在着较大的差异（表 1-1）。

二、家兔按经济类型分类

兔子的经济价值高，毛烧成灰，用酒送服，治难产和胞衣不下、余血攻心、胀刺难受等，效果极好。肉主治补中益气，热气湿痹，止渴健脾；凉血可解热毒；腊月作为酱食，治小儿豌豆疮；兔血解胎中热毒，催生易产。脑可涂冻疮，并能催生滑胎。骨主治热邪留滞在肠胃和糖尿病、尿崩症引起的消渴。肝主治耳聪明目、轻身，使人肌肤润泽，精力充沛，抗衰老，治头晕目眩。

表 1-1 家兔与野兔的区别

项目	家兔（穴兔）	野兔（旷兔）
生活习性	夜行性、穴居性、群居性	昼夜活动、不打洞、单独行动
繁殖特点	产仔较多（窝产 6～7 只），四季繁殖，初生仔兔无被毛、闭眼、无行走能力，妊娠期 30 d	产仔数少（窝产 2～3 只），秋季繁殖，初生仔兔全被毛、睁眼、能自由活动，妊娠期 40 d
染色体数	22 对	24 对
饲养实践	易驯化，适合人工养殖	不易驯化，不适合人工养殖

根据家兔主要产品的经济用途，可将家兔分为以下几种：

1. 肉用兔 以兔肉为主要产品的家兔。该类型兔具有生长速度快、饲料报酬高、屠宰率高、肉质好等优点，是兔肉生产的主体。代表品种有新西兰兔和加利福尼亚兔。

2. 皮用兔 以兔皮为主要产品的家兔。该类型兔具有显著的被毛优势，能制作许多裘皮制品。代表品种有力克斯兔，因被毛与水獭皮相似，所以也称獭兔，其被毛特点是短、平、密、细、轻、美、柔、牢。

3. 毛用兔 以产兔毛为主要产品的家兔。该类型兔毛生长速度快，饲料转化率高，一年可多次剪毛，兔毛可制作多种毛纺制品。目前世界上所有的毛用兔都属于安哥拉毛兔，因各国在培养过程中的方法、途径和方向不同，形成了不同的品系，如中国粗毛型安哥拉兔、法系安哥拉兔、德系安哥拉兔、英系安哥拉兔。

4. 皮肉兼用兔 指生产兔皮、兔肉价值都较高的家兔，代表品种有青紫蓝兔和塞北兔。

5. 实验用兔 以适用于生物医学实验为主的家兔，该类型兔要求被毛白色、大耳型、耳血管清晰（便于注射和采血）、体质类型属细致清秀、遗传性能稳定、体型中等。代表品种有日本大耳白兔、新西兰白兔。

三、家兔按毛纤维长度分类

根据兔毛纤维的长度，可将家兔分为以下几种：

1. 长毛型兔　毛纤维长度在 10 cm 以上，被毛生长速度快、一年可多次剪毛，被毛以绒毛为主（图 1-1）。安哥拉兔属于此类型。

2. 标准毛型兔　毛纤维长度中等，在 3～3.5 cm，粗毛和绒毛比例相当，粗毛覆盖绒毛（图 1-2）。所有的肉用兔和皮肉兼用兔属于此类型。

图 1-1　长毛型兔

图 1-2　标准毛型兔

3. 短毛型兔　兔毛纤维短、密度大、毛纤维长度在 1.5～2.0 cm，粗毛不出锋，被毛整齐。獭兔属于这种类型。

四、家兔按个体大小分类

根据家兔成年体重的大小，可将家兔分为以下几种：

1. 大型兔　成年体重 5 kg 以上，如法国公羊兔、德国花巨兔。

2. 中型兔　成年体重 3～5 kg，如新西兰白兔、日本大耳白兔。

3. 小型兔　成年体重 3 kg 以下，如中国白兔。

任务二　兔品种的识别

全世界家兔品种虽多，但都是由地中海地区的穴兔（欧洲兔）驯化而成的。兔可成群生活，但野兔一般独居。主要有 9 种类型，其中包括：草兔，分布于欧、亚、非三洲，我国除华南和青藏高原外广泛分布；雪兔，冬毛变白，分布在新疆、内蒙古和黑龙江北部；高原兔，分布在青藏高原；华南兔，分布在华南及中国台湾，邻国朝鲜也有分布；东北兔，分布在小兴安岭及长白山地区；塔里木兔，分布在新疆的塔里木河流域塔里木盆地边和和田、叶城、莎车、巴楚、克拉玛依。兔性温和，胆小，常常夜间才敢出来觅食。兔的繁殖能力极强，雌兔长到 8 个月大时就可以生小兔。怀孕 30 d 后可产小兔 3～10 只，一年可产数次。因此它们不但是其他食肉动物的重要食物来源，也是人们喜欢的狩猎动物。

一、肉用兔品种的识别

（一）新西兰兔

新西兰兔（图 1-3，图 1-4）原产于美国，是最著名的肉兔品种之一，广泛分布于世界各地。有白色、红色和黑色 3 个变种，它们之间没有遗传关系，而生产性能以白色最高。我国多次从美国及其他国家引进该品种，均为白色变种，表现良好，深受我国各地养殖者欢迎。

图 1-3　新西兰兔（1）

图 1-4　新西兰兔（2）

1. 外貌特征　被毛纯白，眼球粉红色，头宽圆而粗短，耳朵短小、宽厚、直立，颈短粗，肩宽，颈肩结合良好，腰肋肌肉丰满，后躯发达，臀圆，四肢健壮有力，脚毛丰厚，全身结构匀称，具有肉用品种的典型特征。

2. 生产性能　早期生长发育速度快，饲料利用率高，肉质好。在良好的饲养管理条件下，8 周龄体重可达到 1.8 kg，10 周龄体重可达 2.3 kg，成年体重一般 3.5～4.5 kg。屠宰率 52%～55%，肉质细嫩。适应力强，较耐粗饲，繁殖率高，年繁殖 5 胎以上，胎均产仔 7～9 只。

3. 适应性能　该兔适应我国大多数地区饲养，易于风土驯化，性情温顺，易于管理，抗病力强，适合集约化笼养，是良好的杂交亲本，但不适合粗放饲养。

（二）加利福尼亚兔

加利福尼亚兔（图 1-5，图 1-6）原产于美国加利福尼亚州，是一个专门化的中型品种，在世界各地广为饲养。我国多次从美国和其他国家引进，表现良好。

1. 外貌特征　体躯被毛白色，耳、鼻端、四肢下部和尾部为黑褐色，故俗称“八点黑”。眼睛红色，颈粗短，耳小直立，体型中等，

图 1-5　加利福尼亚兔（1）

图 1-6　加利福尼亚兔（2）

前躯及后躯发育良好，肌肉丰满，绒毛丰厚，皮肤紧凑，秀丽美观。“八点黑”是该品种的典型特征，其颜色的浓淡程度有以下规律：出生后为白色，1 月龄色浅，3 月龄特征明显，老龄兔逐渐变淡；冬季色深，夏季色浅，春秋换毛季节出现沙环或沙斑；营养良好色深，营养不良色浅；室内饲养色深，长期室外饲养，日光经常照射变浅；在寒冷的北部地区色深，气温较高的南部地区变浅；有的个体色深，有的个体则浅，而且均可遗传给后代。

2. 生产性能　早期生长速度快，2 月龄重 1.8～2 kg，成年体重一般 3～4 kg，略低于新西兰兔。屠宰率 52%～54%，肉质鲜嫩；适应性广，抗病力强，性情温顺。繁殖力强，泌乳力高，母性好，产仔均匀，发育良好。胎均产仔 7～8 只，年繁殖 6 胎。

3. 适应性能　加利福尼亚兔的遗传性稳定，易于驯化，在我国表现良好，尤其是早期生长速度快、早熟、抗病、繁殖力高、遗传性稳定等，深受各地养殖者的喜爱。该兔适于营养较高的精料型饲料，是良好的杂交亲本。

（三）丹麦白兔

丹麦白兔（图 1-7）原产于丹麦，属于中型肉兔。

1. 外貌特征　该兔与新西兰兔极为相似。被毛白色，眼睛红色，耳长中等，较宽直立、稍向前倾。嘴巴钝圆，额宽而隆起，颈短粗，四肢较细，体躯粗短浑圆，体型匀称，肌肉发达，母兔颌下有肉髯。

图 1-7 丹麦白兔

2. 生产性能　早期生长发育速度快，育肥性能好。仔兔出生重 45～50 g，40 日龄断奶体重 0.8～1.0 kg，3 月龄体重 2～2.3 kg，成年母兔体重 4.0～4.5 kg；公兔 3.5～4.4 kg。适应性和抗病力强，较耐粗饲，繁殖力强，胎均产仔 6～8 只。

3. 适应性能　丹麦白兔耐粗饲，抗病力强，性情温顺，适合我国北方地区饲养。

（四）比利时兔

比利时兔（图 1-8，图 1-9）是英国育种家利用原产于比利时贝韦伦一带的野生穴兔改良而成的大型肉兔品种。

1. 外貌特征　被毛为深褐、赤褐或浅褐色，体躯下部毛色灰白色，尾内侧呈黑色，外侧灰白色，眼睛黑色。两耳宽大直立，稍向两侧倾斜。头粗大，颊部突出，脑门宽圆，鼻梁隆起。体躯较长，四肢粗壮，后躯发育良好。

2. 生产性能　该兔属于大型肉兔，具有体型大、生长快、耐粗饲、适应性广和抗病力强等特点。幼兔 6 周龄体重可达 1.2～

1.3 kg。3月龄体重2.8～3.2 kg，成年公兔体重5.5～6.0 kg，母兔体重6.0～6.5 kg，最高可达7～9 kg。耐粗饲能力高于其他品种，适于农家粗放型饲养。年繁殖4～5胎，胎均产仔7～8只，泌乳力很高，仔兔发育快。

图1-8　比利时兔（1）

图1-9　比利时兔（2）

3. 适应性能　比利时兔适应性强，耐粗饲，遗传性稳定，是理想的杂交母本。因其体型较大且性情活泼好动，笼养易患脚皮炎。

（五）弗朗德巨兔

弗朗德巨兔（图1-10，图1-11）原产于比利时弗朗德地区，是欧洲著名的大型肉用品种。毛色与比利时兔极为相似，但体型更粗大，成年体重一般在6～7 kg，体长达72 cm。骨架强壮，肌肉丰满，生长快，产肉性能好；毛密度高，戗毛少，绒毛长达4 cm，其毛皮经过加工鞣制，可仿制多种野生动物花纹，是制裘、制革的好原料。

弗朗德巨兔有7个变种，其毛色分钢灰、黑灰、黑、蓝、白和淡黄褐色等，多为钢灰色。英国弗朗德巨兔体型稍小，背扁平，体长平均95 cm，最长可达101.6 cm；成年母兔重5.9 kg，公兔6.4 kg。美国弗朗德巨兔成年母兔重6.8 kg，公兔5.9 kg。法国弗朗德巨兔成年母兔重6.8 kg，公兔7.7 kg。英国白色弗朗德巨兔眼红色，似天竺鼠，头耳较大，被毛浓密，有光泽。黑色弗朗德白兔眼亦为黑色。

图 1-10　弗朗德巨兔（1）

图 1-11　弗朗德巨兔（2）

弗朗德巨兔属于晚熟品种，一般 8 月龄左右初配，受胎率和产仔数均较低，年产胎数少，故繁殖力较低，但其对于其他家兔的改良效果较好，可作为杂交组合的父本，以提高商品肉兔的产肉力。在我国东北、华北地区均有少量饲养。

（六）太行山兔（虎皮黄兔）

太行山兔（图 1-12）原产于河北省井陉、鹿泉（原获鹿县）和平山一带，由河北农业大学、河北省外贸食品进出口公司等单位合作选育而成。

图 1-12　太行山兔

1. 外貌特征　分标准型和中型 2 种。标准型：全身被毛粟黄色，腹部浅白色，头清秀，耳较短厚、直立，体型紧凑，背腰宽平，四肢健壮，体质结实；成年公兔体重平均 3.87 kg，母兔 3.54 kg。中型：全身毛色深黄色，后躯两侧和后背稍带黑毛尖，头粗壮，脑门宽圆，耳长直立，背腰宽长，后躯发达；成年公兔体重平均 4.31 kg，母兔平均 4.37 kg。

2. 生产性能　该品种适应性和抗病力强，耐粗饲粗放，适于农家饲养。遗传性稳定，繁殖力高，母性好，泌乳力强。年繁殖 5～7 胎，胎均产仔数：标准型 8.2 只，中型 8 只。幼兔的生长速度快。据测定，饲喂全价配合饲料，日增重与比利时兔相当，而屠宰率高于比利时兔。

3. 适应性能　由于太行山兔为我国自己培育的优良品种，适于我国的自然条件和经济条件，又具有良好的生产性能，被毛黄色，利用价值高，深受养殖者的喜爱。据测定，该品种作为母本与引入品种（如比利时兔、新西兰兔等）杂交，效果良好。

二、皮肉兼用兔品种的识别

（一）塞北兔

塞北兔（图 1-13，图 1-14）是张家口农业专科学校以法系公羊兔与比利时兔为亲本杂交选育而成的，是一个大型皮肉兼用兔。

1. 外貌特征　该品种分 3 个毛色品系。A 系被毛黄褐色，尾巴边缘戗毛上部为黑色，尾巴腹面、四肢内侧和腹部的毛为浅白色；B 系纯白色；C 系草黄色。该品种被毛浓密，毛纤维稍长。头中等大小，眼眶突出，眼大而微向内凹陷，下颌宽大，嘴方，鼻梁有一黑线。耳宽大，一耳直立，一耳下垂。颈部粗短，颈下有肉髯，肩宽广，胸宽深，背平直，后躯宽，肌肉丰满，四肢健壮。

图 1-13　塞北兔（1）

图 1-14　塞北兔（2）

2. 生产性能　体型大，生长速度快，仔兔初生重 60～70 g。1 月龄断奶体重可达 650～1 000 g，90 日龄体重 2.1 kg，育肥期料肉比为 3.29∶1。成年体重平均 5.0～6.5 kg，高者可达 7.5～8.0 kg。耐粗饲，抗病力强，适应性广，繁殖力较高，年繁殖 4～6 胎，胎均产仔 7～8 只，断奶成活率平均 81%。

3. 适应性能　该品种属于大型兔，体质较疏松，个头大，生长快，耐粗饲，受到养殖者的喜爱。由于其骨架较大，育肥兔出栏体重最好在 2.5 kg 以上。与大多数大型品种一样，塞北兔易患脚皮炎及耳癣，饲养中应予以重视。

（二）哈白兔

哈白兔（图 1-15，图 1-16）是中国农业科学院哈尔滨兽医研究所利用比利时兔、德国花巨兔、日本大耳白兔和当地白兔通过复杂杂交培育而成的，属于大型皮肉兼用兔。

1. 外貌特征　被毛白色，毛纤维比较粗长，眼睛红色、大而有神，头大小适中，耳大直立，四肢健壮，结构匀称。

2. 生产性能　早期生长发育速度快。仔兔初生重平均 55.2 g，30 日龄断奶体重可达 650～1 000 g，90 日龄达 2.5 kg，成年公兔体重 5.5～6.0 kg，母兔 6.0～6.5 kg。繁殖率高，平均窝产活仔数 8 只以上。21 d 泌乳力 2 786.7 g。产肉率高，屠宰率半净膛 57.6%，全净膛 53.5%，饲料转化率 3.11∶1。

图 1-15 哈白兔（1）

图 1-16 哈白兔（2）

3. 适应性能　该品种在我国饲养量较大，表现较好。但由于人们不重视选育，加之营养水平跟不上，在一些地方表现生长速度慢。

（三）大耳黄兔

大耳黄兔原产于河北省邢台市广宗县，以比利时兔中分化出的黄色个体为育种材料选育而成。属于大型皮肉兼用兔。

1. 外貌特征　分 2 个毛色品系。A 系橘黄色，耳朵和臀部有黑毛尖；B 系杏黄色。两系腹部均为乳白色，体躯长，胸围大，后躯发达，两耳大而直立，故取名“大耳黄兔”。

2. 生产性能　成年体重 4.0～5.0 kg，大者可达 6 kg 以上。早期生长速度快，饲料报酬高，A 系高于 B 系，而繁殖性能则 B 系高于 A 系。年繁殖 4～6 胎，胎均产仔 8.6 只，泌乳力高，遗传性能稳定。适应性强，耐粗饲。由于毛色为黄色，加工裘皮制品的价值较高。

3. 适应性能　该品种在华北和东北地区饲养量较大，其生长速度及耐粗饲能力受到人们的喜爱，适于农家饲养。与其他大型品种一样，该兔易患脚皮炎，饲养中应引起重视。

（四）安阳灰兔

安阳灰兔（图 1-17）是河南省安阳灰兔育种协作组在林县、安阳县等地，以青紫蓝兔和大耳白兔为亲本杂交，经过严格的选育而成的皮肉兼用型品种，1987 年通过鉴定，被列入河南省优良地方品种。

图 1-17　安阳灰兔

1. 外貌特征　被毛青灰色，富有光泽。头型清秀，大小适中，耳长而宽，眼大有神，眼球呈靛蓝色。部分成年母兔有明显的肉髯。背腰长，后躯发达，四肢健壮有力。

2. 生产性能　成年体重 4.5 kg 左右，最大体重达 5.5 kg。早期生长发育速度快，3 月龄体重可达 2.0 kg 以上。耐粗饲，抗病力和适应性较强，繁殖力高，胎均产仔 8.5 只，高者达 16 只，母性好，泌乳力高。

（五）青紫蓝兔

青紫蓝兔（图 1-18，图 1-19）是最早引入我国的皮肉兼用兔之一，现已几乎遍布全国。最初的青紫蓝兔是在 20 世纪初由法国育种家用蓝色贝韦伦兔、嘎伦兔和喜马拉雅兔杂交育成的。当时育成的青紫蓝兔体型较小，后来又由美国育成了中型和巨型青紫蓝兔。这3个品系的共同特点是：

图 1-18　青紫蓝兔（1）

图 1-19　青紫蓝兔（2）

1. 外貌特征　眼蓝色，身长耳大，耳尖。毛色为灰蓝色，尾背为黑色，眼周围、尾底面、腹下和后颈的毛色较浅，呈灰白色。每根毛从基部到毛梢，分为深灰、乳白、浅灰、雪白和黑色5段颜色。不同之处在于标准型青紫蓝兔颜色较深，呈灰蓝色，并有明显的黑白相间的波浪纹。两耳直立，颌下无肉髯。其他2个品系毛色较浅。中型青紫蓝母兔和巨型青紫蓝公、母兔均有发达的肉髯，巨型青紫蓝兔又有一耳竖立、一耳下垂的特点。

2. 生产性能　成年兔体重，小型母兔为2.7～3.6 kg，公兔为2.5～3.4 kg；中型母兔为4.5～5.4 kg，公兔为4.1～5.0 kg；巨型母兔为5.9～7.3 kg，公兔为5.4～6.8 kg。屠宰率可达48%以上。

3. 适应性能　该品种兔的优点是耐粗饲，好管理，繁殖力和泌乳力较强。

（六）中国家兔

中国家兔（图 1-20，图 1-21）是经我国长期培育而成的一个优良品种，分布于全国各地。

图 1-20 中国家兔（1）

图 1-21 中国家兔（2）

1. 外貌特征　毛色以白色最为普遍，间有黑色、灰色、麻色和咖啡色。白色兔的眼睛是红色，有色兔的眼睛与毛色相同。体型较小，结实紧凑，被毛短而紧密，皮板较厚。外貌特征明显，头小、嘴尖、颈短、双耳短小直立、耳尖圆厚。

本品种兔最大的特点是对自然条件要求不高，耐粗饲，抗疾病，易管理，母兔母性强，乳头多，繁殖力强。

2. 生产性能　一般成年兔体重为 1.5～2.5 kg，年繁殖 5～6 胎，胎均产仔 6～7 只，多的可达 15 只，而且成活率较高；缺点是体型小，生长慢，产肉性能较差。

三、皮用兔品种的识别

（一）力克斯兔（獭兔）

力克斯兔（图 1-22 至图 1-25）原产于法国，由于其毛皮可以与珍贵的毛皮兽水獭相媲美，又称獭兔。

獭兔是珍贵的裘皮用兔，全身被毛短密而平整，光亮如丝、细腻柔软，戗毛少而不突出毛表面，背毛不易脱落，保温性能强。该品种的典型特征是须眉细而卷曲。体型中等，成年兔 3～3.5 kg，平均体长 42～50 cm，胸围 33～35 cm，平均毛长 1.2～1.3 cm，成年体重 3～4 kg，年繁殖 3～4 胎，胎均产仔 6～8 只。

图 1-22　宝石花色獭兔（1）

图 1-23　宝石花色獭兔（2）

图 1-24　黄褐色力克斯兔

图 1-25　黑色力克斯兔

力克斯兔全身密生光亮如丝的短绒毛，具有“短、细、密、平、美、牢”的特点。根据人们的需要，经不断的杂交改良和培育，獭兔已有几十种颜色，如黑色、白色、黄褐色、灰色、紫色、蓝色和宝石花色等，所以又称“彩獭”。我国饲养的獭兔主要从美国引进，该品种的饲养特点是营养水平要求较高，不宜粗放饲养。

该品种的缺点是：适应性差，要求饲养管理条件高，易感巴氏杆菌、球虫和疥癣病，也易患脚皮炎。如果饲养管理不当，明显影响其生产性能，戗毛增多，被毛变长，体型变小，繁殖力下降。

（二）银狐兔

银狐兔（图 1-26）原产于智利，有蓝色、黑色、巧克力色及黑貂色4种颜色，被毛柔软浓密，其外貌似银狐故而得名。体长中等，前肢和后躯发达，成年兔3～4.5 kg，年繁殖3～4胎，胎均产仔6～8只，生长发育快，皮毛价值高。

图1-26 银狐兔

（三）海文那兔

海文那兔原产于荷兰，有蓝色和巧克力色两种。被毛浓密，背毛呈巧克力色，且有紫色光泽，毛的基部为灰蓝色。体型短，腰宽，后躯发达，两耳相距较近，且短而直立。眼大而突出，所以又称“大眼兔”。眼色往往和毛色一致，被毛浓密而有光泽，体躯小而结实，成年体重2.5～3.5 kg，年繁殖3～4胎，胎均产仔6～7只，皮毛价值较高。

四、毛用兔品种的识别

安哥拉兔又称长毛兔，是唯一的毛用兔品种。原产于土耳其的安哥拉城附近，故而得名。当前各国饲养的长毛兔都来源于安哥拉兔。在不同的自然气候和饲养条件下，采用不同的饲养管理和选育方式，各国又培育出了若干个品质特性各异的安哥拉兔品系，也就是说，当前世界各国饲养的毛用兔品种都属安哥拉兔品系，这些不同品系的长毛兔，体形外貌和生长性能等相差悬殊。

安哥拉兔品系在当前主要分法系、英系、德系、日系及中系等，近几年在这些品系的基础上，我国培育出了镇海巨型高产长毛兔品系。

（一）法系安哥拉兔

法系安哥拉兔（图 1-27，图 1-28）头部偏尖削，面长鼻高，耳大而薄，耳背无长毛，俗称“光耳板”，额部、颊部和腿部均为短毛，腹部毛也较短，体质强壮，毛质粗硬，适应性好，在我国农村易于饲养。成年体重 3～4 kg，年繁殖 3～4 胎，胎均产仔 6～8 只，年产毛量 800～1 000 g。

图 1-27　法系安哥拉公兔

图 1-28　法系安哥拉母兔

（二）英系安哥拉兔

英系安哥拉兔（图 1-29）头较圆，鼻子缩入，耳短而薄，耳背顶端有缨穗状长绒毛，飘出耳外，甚是美观。四肢及趾间亦密生绒毛，背毛洁白浓密，蓬松似雪球，背毛较长时从背部中央自然分成一条线向两侧披下，区别于其他品系。绒毛如丝状，有光泽，戗毛较少。抗病力较差。成年体重 3～4 kg，年繁殖 4～5 胎，胎均产仔 4～6 只，年产毛量 400 g 左右，易结毡。

图 1-29 英系安哥拉长毛兔

（三）德系安哥拉兔

我国又称“西德长毛兔”，是安哥拉兔中品质最好、产毛量最高的一个品系，1978 年引入我国后很受欢迎。西德长毛兔（图 1-30）被毛密度大，有毛丛结构，不易缠结。其毛洁白细长柔软，有明显的波浪形弯曲。抗病力较强，适应性好。成年体重 3.5～4 kg，年繁殖 4～5 胎，胎均产仔 6～7 只，年产毛量 800～1 000 g。

图 1-30 德系安哥拉母兔

（四）日系安哥拉兔

日系安哥拉兔（图 1-31，图 1-32）头呈方形，额部、颊部、耳尖及两耳外侧均有长绒毛，且额部长绒毛有明显的分界线，呈“刘海状”，全身绒毛细密，该品种1979年引入我国，体型中等，成年体重3～3.5 kg，年繁殖3～4胎，胎均产仔7～8只，年产毛量500～800 g，抗病力、适应性一般。

图1-31　日系安哥拉公兔

图1-32　日系安哥拉母兔

（五）中系安哥拉兔

中系安哥拉兔（图1-33，图1-34）俗称“全耳毛兔”，是我国用英、法两系杂交并掺入中国白兔血统、经长期改良选育而成的。它的代表类型是全耳毛狮子头，所以又称全耳毛兔。

图1-33　中系安哥拉公兔

图1-34　中系安哥拉母兔

中系安哥拉兔的主要优点是耐粗饲，适应性强，繁殖力高。其外貌特征为周身如球，双耳如剪、两眼如珠，脚与趾间生有绒毛，脚如虎爪，头毛丰满，耳毛浓密，背毛和腹毛齐全，戗毛少，毛细而柔软，但易缠结。

中系安哥拉兔体型较小，成年体重 2.5～3 kg，年繁殖 3～4 胎，窝产仔 7～8 只，年产毛量 400 g 左右。

五、品种识别

根据外貌对兔进行品种识别应注意以下主要特征部位：

1. 头部　头部外形能说明家兔的体质和类型。发育正常的健康兔，头和躯干的大小呈正相关。同一品种中，公兔的脑门一般比母兔宽、圆和粗。

2. 眼睛　家兔的眼睛大而有光泽，不同品种的家兔有不同颜色的眼珠。如中国家兔、大耳白兔的眼珠呈红色，青紫蓝兔的眼珠呈灰褐色，公羊兔的眼珠呈黑色，力克斯兔的眼珠呈灰色，安哥拉长毛兔的眼珠呈粉红色等。

3. 耳朵　家兔的耳朵大、宽、薄，血管明显。家兔耳朵的形状、长度和厚薄也是品种特征之一。大耳白兔耳朵高大，形如柳叶，呈“V”字形；中国家兔耳短而厚，直立；公羊兔耳阔且下垂，呈“八”字形；喜马拉雅兔两耳棕褐色；巨型兔两耳深黑色；丹麦白兔两耳短小，向前倾斜。

4. 臀部　家兔的臀部是长肌肉的主要部位，宽而圆的臀部，表示家兔健壮、肉多。如新西兰兔、大耳白兔、丹麦兔、公羊兔臀部均厚实，故出肉多。

【专家提示】

（1）在选择引进种兔时，不要单一考虑生产性能，实际上往往生产性能越好的兔种，其抗病力和适应性越差。

（2）在选择肉兔品种时，不要单一追求体型大的品种，要综合考虑繁殖性能、饲料报酬以及早期生长速度。

(3) 引种时既要考虑品种的经济价值，又要考虑气候草料条件，还要与自己具备的饲养管理条件相匹配。

(4) 引种时有可能引进新的病原，因此，一定要注意引进种兔的单独隔离饲养，同时加强驯化的饲养管理工作。

项目二

家兔的营养需要与饲料配方设计

根据家兔不同生长发育阶段的营养需求特点，选择适宜的饲料种类，配制营养均衡的饲料，不仅能保证兔群健康生长，提高产品质量，而且也是获得较高经济效益的基础和保障。

任务一　家兔营养需要与家兔的常用饲料

一、家兔的营养需要

（一）能量需要

能量是维持家兔生命及生产活动（生长、繁殖、泌乳等）的首要条件。家兔所需能量多数由碳水化合物供给，少量由脂肪提供，有时也可由过量的蛋白质提供。影响家兔能量需要量的因素主要有品种、生理阶段、年龄、性别和环境温度等。饲粮中能量不足或过低时，生长兔增重速度减慢，饲料利用率下降，产毛量下降。能量过高时，消化道疾病发病率升高；母兔肥胖，发情紊乱，不孕、难产或胎儿死亡率升高；公兔配种能力下降；饲料成本升高。高产母兔在繁殖周期不同阶段的能量需要量见表 2-1。

表 2-1　高产母兔在繁殖周期不同阶段的能量需要量

（4 kg 标准母兔的需要量）　kJ/d

阶段	维持	妊娠	泌乳	总计	饲料/（g/d）
青年母兔（妊娠）（3.2 kg）	240	130	—	370	148
妊娠母兔					
0～23 d	285	95	—	385	154
24～31 d	285	285	—	570	228
泌乳母兔					
10 d	310	—	690	1 000	400
17 d	310	—	850	1 160	464
25 d	310	—	730	1 160	464
泌乳＋妊娠					
10 d	310	—	690	1 000	400
17 d	310	95	850	1 255	502
25 d	310	95	730	1 135	454

【专家提示】

（1）家兔是为“能”而采食的，能自动地调节采食量以满足其对能量的需要。

（2）能量水平直接影响生产水平。

（3）如果日粮中能量水平偏高，家兔会出现脂肪沉积过多而肥胖，对繁殖兔来说，体脂过高对雌性激素有较大的吸收作用，从而损害繁殖性能。公兔过肥会造成配种困难等不良后果。

（4）控制能量水平，可推迟后备母兔性成熟月龄，对其以后的繁殖机能是有益的。

（5）对毛用兔，过高的能量供给不仅是浪费，而且对产量和质量也会产生一定程度的不良影响。

（二）蛋白质需要

蛋白质是维持生命活动的基本成分，是兔体、兔皮和兔毛生长不可缺少的营养成分。蛋白质品质好坏取决于组成蛋白质的氨基酸种类、数量及氨基酸之间的比例合适与否。家兔有 10 种必需氨基酸。生产中使用普通饲料原料时，赖氨酸、含硫氨基酸和苏氨酸是第一限制性氨基酸。

家兔对蛋白质的需要不仅要求一定的数量，而且要求一定的品质。不同生理阶段和不同生产目的的兔蛋白质需求不同。

兔不同阶段对蛋白质的最低需求量为：生长兔最低饲粮的粗蛋白含量为 15.8%；泌乳期最低饲粮的粗蛋白含量为 17.5%；成年兔用于维持的粗蛋白需要量很低，一般饲料中蛋白质含量 13%就足够；产皮兔和产毛兔的终产品（皮和毛）中的含氮化合物和含硫氨基酸含量高，因而对它们的蛋白质营养要特别关注。饲粮中的蛋白质含量最少应为 15.5%，含硫氨基酸（蛋氨酸、胱氨酸）最少为 0.62%。表 2-2 中列出了家兔饲粮粗蛋白和氨基酸的最低推荐量。

表 2-2　家兔饲粮粗蛋白和氨基酸的最低推荐量

饲粮水平(89%～90%的干物质)	繁殖母兔	断奶小兔	育肥兔
消化能/(MJ/kg)	10.46	9.52	10.04
粗蛋白/%	17.5	16.0	15.5
可消化蛋白/%	12.5	11.0	10.8
精氨酸/%	0.85	0.90	0.90
组氨酸/%	0.43	0.35	0.35
异亮氨酸/%	0.70	0.65	0.60
亮氨酸/%	1.25	1.10	1.05
赖氨酸/%	0.85	0.75	0.70
(蛋氨酸+胱氨酸)/%	0.62	0.65	0.65

续表2-2

饲粮水平(89%～90%的干物质)	繁殖母兔	断奶小兔	育肥兔
(苯丙氨酸＋酪氨酸)/%	0.62	0.65	0.65
苏氨酸/%	0.65	0.60	0.60
色氨酸/%	0.15	0.13	0.13
缬氨酸/%	0.85	0.70	0.70

蛋白质不足：生长速度下降；母兔发情不正常，胎儿发育不良，泌乳量下降；公兔精子密度小，品质降低；换毛期延长；獭兔被毛质量下降，毛兔产毛量下降，品质也下降。

蛋白质过高：饲料成本增加，引起肾损伤，大量的氮排放导致环境污染加剧。

（三）粗纤维的需要

家兔属单胃草食动物，其消化道能有效利用植物性饲料，同时植物性纤维也是家兔生理性需要的营养物质。

对于家兔而言，粗纤维的生理功能主要是提供能量，维持正常胃肠道消化生理机能。粗纤维在保持消化物稠度、形成粪便及食物在消化道运转过程中起一定的作用，预防毛球病，减少异食癖。

传统观点认为：家兔饲粮中粗纤维含量以12%～16%为宜。粗纤维含量低于6%会引起腹泻，粗纤维含量过高则生产性能下降。为确保食糜以正常流通速度通过消化道，表2-3给出了饲粮中纤维含量的最小值。纤维推荐量以平均水平为基础。根据健康状况，这个值可适当增加或减少。

（四）脂肪的需要

脂肪是家兔能量的重要来源，也是必需脂肪酸和脂溶性维生素（维生素A、维生素D、维生素E和维生素K）溶剂的来源。

表 2-3 饲粮中纤维和淀粉的推荐量 %

饲粮水平（85%～90%干物质）	繁殖母兔	断奶的青年兔	肥育兔
淀粉	自由采食	13.5	18.0
酸性洗涤纤维（ADF）	16.5	21	18
酸性洗涤木制素（ADL）	4.2	5.0	4.5
纤维素（ADF-ADL）	12	16	13.5

饲粮中添加适量的脂肪，可提高饲料适口性，有利于脂溶性维生素的吸收，同时可增加被毛的光泽。家兔饲粮中脂肪适宜量为3%～5%。最新研究表明，断奶兔饲粮中添加脂肪可以改善体况，刺激免疫系统发育和增进健康；育肥兔饲粮脂肪比例可增加到5%～8%，可促进育肥性能和提高毛皮质量，有利于改变脂肪酸谱和兔肉营养价值。母兔饲粮中添加脂肪的有利作用比生长兔更为显著。添加脂肪使能量浓度提高（11～115 MJ/kg 消化能），可以使高产母兔的产奶量和全窝仔兔的生长速度最大化。添加较高的脂肪需将脂肪喷到颗粒料上。添加脂肪以植物油为好，如玉米油、大豆油和葵花油等。

脂肪含量过低：会引起维生素 A、维生素 D、维生素 E 和维生素 K 营养缺乏症。

脂肪过高：饲粮成本升高，不宜贮存，增加胴体脂肪含量。饲粮中脂肪含量过高，饲料不易颗粒化。在热环境下，添加脂肪可使能量摄入量增加，降低家兔应对热应激的潜力。

（五）水的需要

水是兔体的主要成分，水对饲料的消化和吸收、机体内的物质代谢、体温调节都是必需的。家兔缺水比缺料更难维持生命。水的来源有饮用水、饲料水和代谢水。仅喂青绿粗饲料时，可能不需饮水，但对生长发育快的兔如泌乳母兔供给饮水是必要的。在适宜的温度条件下，青年兔采食量与饮水量的比率稍低于1.7∶1，成年兔这一比率接近2∶1。饮水量和采食量随环境温度和湿度的变化而变化，因此建议让兔自由饮水。缺水时生长兔采食量急剧下降，并在24 h内停止采食，母兔泌乳量下降，仔兔生长发育受阻。限制饮水量或饮水时间，会导致饲料采食量与饮水量呈比例性下降。饮用水应该清洁、新鲜，不含生物和化学物质。养兔生产中大多采用自由饮水。

（六）矿物质的需要

矿物质是家兔机体的重要组成成分，也是机体不可缺少的营养物质，其含量占机体5%左右。矿物质可分为常量元素（Ca、P、Cl、Na、Mg、K）和微量元素（Mn、Zn、Fe、Cu、Mo、Se、I、Co、Cr、F），前者需要量大于后者。表2-4列出了家兔所需矿物质元素的生理功能、标准量及缺乏症、过量症。

（七）维生素的需要

兔体虽然对维生素需要量不大，但不能缺乏，否则会引起生产性能降低或某些疾病。家兔可以通过肠道微生物、皮肤等合成维生素K、B族维生素、维生素D和维生素C，一般不需要添加，但对集约化兔群需要添加；其他维生素如维生素A和维生素E则完全依赖于饲粮的供给。水溶性维生素大多数家兔体内能够合成，一般不易出现缺乏症；而脂溶性维生素必须由饲料供给。各种维生素的生理功能、推荐量、缺乏症及中毒症见表2-5。

表 2-4　家兔所需矿物质元素的生理功能、标准量及缺乏症、过量症

元素种类	生理功能	推荐量		过量症、缺乏症	备注
		生长兔	泌乳兔		
钙（Ca） 磷（P）	钙、磷占体内总矿物质的65%～70%，是骨骼的主要成分，参与骨骼的形成。钙在血液凝固、调节神经和肌肉组织的兴奋及维持体内酸碱平衡中起重要作用，参与磷、镁、氮的代谢。磷是细胞核中核酸及神经组织中磷脂、磷蛋白和其他化合物的成分，参与调节蛋白质、碳水化合物和脂肪代谢。磷是血液中重要的缓冲物质成分。	0.5%（Ca） 0.3%（P）	1.1%（Ca） 0.8%（P）	缺乏钙、磷可引起幼兔佝偻病，成年兔发生溶骨作用；怀孕母兔在产前和产后发生综合征，表现为食欲缺乏，抽搐，肌肉震颤，耳下垂，侧卧躺地，最终死亡。过高的钙可引起钙质沉着症、尿结石，导致软组织的钙化和降低磷的吸收。过量的磷可能降低采食量和降低母兔的多胎率。	钙磷比例以2∶1为宜。过量的磷对环境产生不利影响。
钠（Na） 氯（Cl）	钠和氯在维持细胞外液的渗透压中起重要作用。钠和其他离子一起参与维持肌肉、神经正常的兴奋性，参与肌体组织的传递过程，并保持消化液呈碱性。氯参与胃酸的形成，与消化机能有关。	0.5%的食盐	0.3%的食盐	长期缺乏钠、氯会影响仔兔的生长发育和母兔的泌乳量，并降低饲料利用率。过高时，会引起家兔中毒，表现食欲减退，精神沉郁，结膜潮红，腹泻，口渴；随即兴奋不安，头部震颤，步履蹒跚；严重时呈癫痫样痉挛，呼吸困难；最终因全身麻痹而站立不稳，昏迷而死。	注意 Na^+、K^+ 和 Cl^- 之间的电解质平衡，否则会影响到对热应激的抗性、肾功能，并易患产褥热症等。

续表 2-4

元素种类	生理功能	推荐量		过量症、缺乏症	备注
		生长兔	泌乳兔		
铁（Fe）	铁为形成血红蛋白和肌红蛋白所必需，是细胞色素类和多种氧化酶的成分。	50 mg/kg 饲料	50 mg/kg 饲料	缺乏铁时发生低血红蛋白性贫血和其他不良现象。兔初生时机体就储有铁，一般断乳前不会患缺铁性贫血。	
铜（Cu）	铜是多种氧化酶的组成成分，参与机体许多代谢过程。铜在造血、促进血红素的合成过程中起重要作用。此外，铜与骨骼的正常发育、繁殖和中枢神经系统机能密切相关，还参与毛中蛋白质的形成。	10 mg/kg 饲料	10 mg/kg 饲料	缺乏铜会引起家兔贫血，生长发育受阻，有色毛脱色，毛质粗糙，骨骼发育异常，异嗜，运动失调和神经症状，腹泻及生产能力下降。高铜（100～400 mg/kg）能够提高家畜的生长性能。	高铜对环境造成负面影响。
锌（Zn）	锌为体内多种酶的成分，其功能与呼吸有关，为骨骼正常生长和发育所必需，也是上皮组织形成和维持其正常机能不可缺少的。锌对兔的繁殖有重要的作用。	50 mg/kg 饲料	70 mg/kg 饲料	缺乏锌时，表现为掉毛，皮炎，体重减轻，食欲下降，嘴周围肿胀，下颌及颈部毛湿而无光泽，繁殖机能受阻，母兔拒配，不排卵，自发流产率增高，分娩过程出现大量出血，公兔睾丸和副性腺萎缩等。饲料中钙含量高时，极易出现锌的缺乏症。	高锌与铜相颉颃；锌的来源以氧化锌为宜。

续表 2-4

元素种类	生理功能	推荐量		过量症、缺乏症	备注
		生长兔	泌乳兔		
锰（Mn）	参与骨骼基质中硫酸软骨素的形成，为骨骼正常发育所必需。锰与繁殖、神经系统及碳水化合物和脂肪代谢有关。	8.5 mg/kg 饲料	8.5 mg/kg 饲料	缺乏锰时，骨骼发育不正常，繁殖机能降低，表现为腿弯曲，骨脆，骨骼重量、密度、长度及灰分量减少等。母兔表现为不易受胎或生产弱小的仔兔。过量时能抑制血红蛋白的形成，甚至还可能产生其他毒副作用。	
钴（Co）	钴是维生素 B_{12} 的组成成分，也是很多酶的成分，与蛋白质、碳水化合物有关。家兔消化道微生物可利用无机钴合成维生素 B_{12}。	0.25 mg/kg 饲料	0.25 mg/kg 饲料	很少患缺乏症。	
碘（I）	碘是甲状腺素的组成部分，碘还参与机体几乎所有的物质代谢过程。	0.2 mg/kg 饲料	0.2 mg/kg 饲料	缺碘时，家兔表现为甲状腺明显肿大，当饲粮中存在甲状腺肿物原时（如甘蓝和油菜籽等）发病率会增加，母兔生产的仔兔体弱或死胎，仔兔生长发育受阻等。碘过量会引起新生仔兔死亡率增高并引起碘中毒。	使用海产盐时无需补加碘源。

续表 2-4

元素种类	生理功能	推荐量		过量症、缺乏症	备注
		生长兔	泌乳兔		
硒（Se）	硒是机体内过氧化酶的成分，它参与组织中过氧化物的解毒作用。	—	—	缺硒症状是肌肉营养不良，只能通过加入维生素 E 缓解和治疗，加入硒则无任何效果。	
镁（Mg）	镁是构成骨骼和牙齿的成分，为骨骼正常发育所需。作为多种醇的活化剂，在糖、蛋白质代谢中起重要作用。保证神经、肌肉的正常机能。	0.03%	0.04%	镁不足时家兔生长停滞，食毛，神经、肌肉兴奋性提高，发生痉挛。每千克饲粮中含镁低至 5.6 mg 时，会发生脱毛，耳朵苍白，被毛结构与光泽变差。过量的镁会通过尿排出，所以多量添加镁很少导致严重的副作用。	
钾（K）	钾在维持细胞内液渗透压、酸碱平衡和神经、肌肉兴奋中起重要作用，同时还参与糖的代谢。钾还可促进粗纤维的消化。	0.8%	0.9%	缺钾时会发生严重的进行性肌肉不良等病理变化，包括肌肉无力、瘫痪和呼吸性窘迫。钾过量时，采食量下降，肾炎发病率高。	过量的钾离子会妨碍镁的吸收。
硫（S）	硫的作用主要通过含硫有机物来实现，如含硫氨基酸合成体蛋白、被毛和多种激素，硫氨素参与碳水化合物代谢，硫作为黏多糖的成分参与胶原和结缔组织的代谢等。硫对毛、皮生长有重要的作用，因此长毛兔，獭兔对硫的需要具有特殊的意义。	0.04%	—	缺乏硫时，兔表现为皮毛质量下降，粗毛率提高，皮张质量下降。毛兔产毛量下降。	硫与钼呈颉颃。

表 2-5 维生素生理功能、推荐量及缺乏症、中毒症

种类	生理功能	机体可否合成	推荐量	过量症、缺乏症	备注
胆碱	作为磷脂的一种成分来建造和维持细胞结构；在肝脏的脂肪代谢中防止异常脂质的积累；生成能够传递神经冲动的乙酰胆碱；提供不稳定的甲基，以生成蛋氨酸、甜菜碱和其他代谢产物。	在肝脏内合成	200 mg/kg 饲料	缺乏症表现为生长迟缓，脂肪肝和肝硬化，以及肾小管坏死。发生进行性肌肉营养不良。	甜菜碱可以部分取代对胆碱的需要（甲基供体）。
叶酸	与核酸代谢有关，对正常血细胞的生长有促进作用。	＋（肠道微生物）	生长育肥兔：0.1 mg/kg 饲料；母兔：1.5 mg/kg 饲料	缺乏时，血细胞的发育和成熟受到影响，发生贫血和血细胞减少症。	母兔饲粮中额外补充 5 mg 的叶酸可以提高生产性能和多胎性。
维生素 A	防止夜盲症和干眼症，保证家兔正常生长，骨骼、牙齿正常发育，保护皮肤，消化道、呼吸道和生殖道上皮细胞的完整。增强兔体抗病能力。	—	6 000～12 000 IU/kg 饲料	缺乏易引起繁殖力下降（降低母兔的受胎率、产奶量，增加流产率和胎儿吸收率），眼病和皮肤病，过量时易引起中毒反应。	

续表 2-5

种类	生理功能	机体可否合成	推荐量	过量症、缺乏症	备注
维生素 D	对钙、磷代谢起重要作用。	＋（皮肤）	900～1 000 IU/kg 饲料	缺乏引起生长家兔软骨病（佝偻病），成年家兔骨软化症和产后瘫痪，过量时可诱发钙质沉着症，日粮中添加高铜可以抑制沉着症的发生。	
维生素 E（生育酚）	主要参与维持正常繁殖机能和肌肉的正常发育，在细胞内具有抗氧化作用。	—	40～60 mg/kg 饲料	缺乏主要引起生长兔的肌肉萎缩症（营养不良）和繁殖性能下降及妊娠母兔流产和死胎增加，还可引起心肌损伤，渗出性素质、肝功能障碍，水肿，溃疡和无乳症等，过量易引起中毒。	繁殖器官感染，炎症及患有球虫病时，维生素 E 需求量增加。
维生素 B_{12}（钴氨酸，钴维生素）	有增强蛋白质效率，促进幼小动物生长的作用	＋（肠道微生物，合成与钴相关）	10 mg/kg 饲料	缺乏引起生长停滞，被毛蓬松，皮肤发炎，腹泻，后肢运动失调，对母兔受胎率、繁殖率及泌乳有影响。	

续表 2-5

种类	生理功能	机体可否合成	推荐量	过量症、缺乏症	备注
维生素 C（抗坏血酸）	参与细胞间质的生成及体内氧化还原反应，参与胶原蛋白和肉碱的生物合成，刺激粒性白细胞和吞食活性，防止维生素 E 被氧化，具有抗热应激的作用。	＋（肠道微生物）：能够在肝脏中从 *D*-葡萄糖合成	50～100 mg/kg 饲料	缺乏会引起坏血症，生长停滞、体重降低，关节变软，身体各部位出血，导致贫血。	添加维生素 C 多采用包被形式，以免被氧化，尤其在潮湿的条件下，以及与铜、铁和其他微量元素接触的情况下。
维生素 K	与凝血机制有关，是合成凝血素和其他血浆凝固因子所必需的物质，最新研究表明，也与骨钙素有关。	＋（肠道微生物）	1～2 mg/kg 饲料	缺乏时导致生长兔出血，跛行以及妊娠母兔胎盘出血及流产，肝型球虫病和某些含有双香豆素的饲料（如草木樨）能影响维生素 K 的吸收和利用。	饲料中含有抗代谢药物（如氨丙啉）时，需要增加维生素 K 的补充量。
维生素 B_1（硫胺素）	是糖和脂肪代谢过程中某些酶的辅酶。	＋（肠道微生物）	0.8～1.0 mg/kg 饲料	缺乏时典型症状为神经障碍，心血管损坏和食欲缺乏，有时会出现轻微的共济失调和松弛性瘫痪等。	

续表 2-5

种类	生理功能	机体可否合成	推荐量	过量症、缺乏症	备注
维生素 B_2（核黄素）	构成一些氧化还原酶的辅酶，参与各种物质的代谢。	+（肠道微生物）	3～5 mg/kg 饲料	缺乏时，表现在眼、皮肤和神经系统以及繁殖性能降低等。	
泛酸	辅酶 A 的组成成分，辅酶 A 在碳水化合物、脂肪和蛋白质的代谢过程中有着重要作用。	+（肠道微生物）	20 mg/kg 饲料	缺乏时，兔生长减缓，皮毛受损，神经紊乱，胃肠道紊乱，肾上腺功能受损和抗感染力下降，易发生皮肤和眼的疾病。	
生物素（维生素 H）	参与体内许多代谢反应，包括蛋白质和碳水化合物的相互转化，以及碳水化合物与脂肪的相互转化。	+（肠道微生物）	0.2 mg/kg 饲料	缺乏时，表现出皮肤发炎、脱毛和继发性跛行等。	饲喂含有抗生物素蛋白的生蛋白时，易出现缺乏症。
维生素 B_5（烟酸）	与体内脂类、碳水化合物和蛋白质代谢有关。其作用是保护组织的完整性，特别是对皮肤、胃肠道和神经系统的组织完整性起到重要的作用。	+（肠道微生物，组织内）	50～180 mg/kg 饲料	缺乏时会引起脱毛、皮炎、被毛粗糙、腹泻、食欲缺乏和溃疡性病损，还会出现细菌感染和肠道环境的恶化。	饲粮中色氨酸可以转化为尼克酸（烟酸）。
维生素 B_6（吡哆醇）	包括吡哆醇、吡哆醛和吡哆胺，参与有机体氨基酸、脂肪和碳水化合物的代谢，具有提高生长速度和加速血凝速度的作用，对球虫病的损伤有特殊的意义。	+（肠道微生物）	3～5 mg/kg 饲料	吡哆醇缺乏导致生长迟缓，皮炎，惊厥，贫血，皮肤粗糙，脱毛，腹泻和脂肪肝等症状，还可以导致眼和鼻周围发炎，耳周围的皮肤出现鳞状。	

注：+表示可以合成

二、家兔的常用饲料

（一）能量饲料

能量饲料指饲料干物质中粗纤维含量在18%以下、粗蛋白含量在20%以下且每千克消化能在10.4 MJ以上的饲料。它是兔能量的主要来源，主要包括谷物类籽实，其主要成分是淀粉，通常占饲料干物质的65%～80%，粗纤维含量在10%以下，因而适口性好，消化率高。常用的有玉米（图2-1）、大麦（图2-2）、小麦（图2-3）、稻谷（图2-4）和高粱（图2-5）等。

图2-1 玉米

图2-2 大麦

图2-3 小麦

图2-4 稻谷

能量饲料的作用特点是热能含量高，粗纤维含量少，粗蛋白也少，磷多钙少，富含B族维生素，适口性好，但营养物质极不平衡，不宜单独饲喂。

玉米是家兔最常用的能量饲料，是能量饲料之王，也是能量饲料的主体，在兔的配合饲料中属于大宗饲料。其淀粉含量高，在小肠中的消化较慢，如在饲粮中用量过大，易引起大肠碳水化合物负荷过度，导致异常发酵而诱发肠炎，所以在兔饲料中其比例一般占饲粮的28%～35%。稻谷也是家兔的常用饲料，其特点与玉米相似，在日粮中的比例应适当控制。高粱因含较多单宁，喂量以5%～15%为宜。玉米水分含量高于14%易发霉，产生黄曲霉毒素（图2-6），家兔对此很敏感，饲喂时应特别注意。

图2-5　高粱

图2-6　黄曲霉毒素

（二）谷物加工副产品

小麦麸（图2-7）是面粉加工的副产品，因小麦的产地、加工工艺差异，其营养水平有差别，含粗蛋白、B族维生素、矿物质磷和锰较高。小麦麸的适口性好，具有轻泻性，是家兔配合饲料中不可缺少的原料。通常日粮中其加入比例为8%～20%。

米糠（图2-8）有细米糠和三七统糠。细米糠营养养分很高，其能量高于玉米，蛋白质高于麸皮，属于理想的兔饲料原料。三七统糠粗纤维和脂肪含量较高，在兔饲料中其用量可与麦麸用量差不多，可当粗饲料利用。

图 2-7　小麦麸

图 2-8　米糠

（三）块根块茎类饲料

块根块茎类饲料主要有胡萝卜（图 2-9）、萝卜（图 2-10）、马铃薯（图 2-11）、甜菜（图 2-12）、南瓜（图 2-13）、甘薯（图 2-14）等，其特点是含水量高，达 70%以上，干物质中淀粉含量高，粗纤维、粗蛋白含量较低，适口性好，是家兔的优质饲料。胡萝卜含丰富的胡萝卜素，在青绿饲料缺乏的季节，是很好的维生素 A 补充饲料；饲喂马铃薯时要注意，因贮藏不当会产生茄碱。

图 2-9　胡萝卜

图 2-10　萝卜

图 2-11　马铃薯

图 2-12　甜菜

图 2-13　南瓜

图 2-14　甘薯

（四）蛋白质饲料

蛋白质饲料一般指干物质中粗蛋白含量高于20%、粗纤维含量低于18%的饲料。主要包括植物性蛋白质饲料、动物性蛋白质饲料和单细胞蛋白质饲料。

1. 植物性蛋白质饲料　主要包括豆科籽实及其油脂工业加工副产品。豆饼、豆粕和花生饼是最常用的蛋白质饲料，粗蛋白含量在40%以上，赖氨酸、蛋氨酸含量高，适口性好，品质好，家兔日粮中其用量可占20%～30%。

菜籽饼粗蛋白在30%以上，但带辛辣味，适口性较差，经热处理后其用量可占日粮的15%。棉籽饼的蛋白质含量22%，粗纤维含量高达10%～20%，棉籽饼脱壳后制成棉籽粕，适口性差，并都含有毒性物质棉酚，棉酚在动物有机体内呈蓄积性中毒，饲喂时一定要经脱毒处理。花生饼适口性好，但是油脂含量较高，储存不当容易产生黄曲霉毒素。

豆科籽实含油脂较高，含有抗胰蛋白酶，饲喂时一定要熟制，不可超过日粮的10%。

2. 动物性蛋白质饲料　鱼粉是比较理想的蛋白质饲料，由于适口性较差及价格较贵，用量在1%～3%，另外，鱼粉易使胴体带有鱼腥味，在育肥兔中不宜使用。水解羽毛粉含胱氨酸、精氨酸较多，对产毛兔或换毛期的兔有利，用量通常在3%。

3. 单细胞蛋白质饲料　是从单细胞有机体获得的蛋白质，作为蛋白质饲料的新资源，也迅速被养殖业所重视，包括饲料酵母、藻类等。单细胞蛋白质饲料的粗蛋白含量高、维生素含量丰富，但是兔饲料中其添加量一般不超过10%。

（五）青绿饲料

青绿饲料是家兔可以采食的绿色植物的总称。其天然水分含量高（含水率大于60%），适口性好，维生素含量丰富，但体积大，营养不平衡。

1. 牧草类　豆科牧草粗蛋白含量较高，钙含量也高，常见的有苜蓿（图2-15）、三叶草（图2-16）、紫云英（图2-17）、鸡脚草（图2-18）、柱花草（图2-19）等。按干物质计算这类牧草的粗蛋白含量可以满足家兔的需要，但氨基酸不平衡，蛋白效价低。

禾本科牧草粗蛋白不足，粗纤维含量较高，营养不及豆科牧草，但产量高，适口性也好，是兔的主要饲料。主要有黑麦草

图 2-15　苜蓿

图 2-16　三叶草

图 2-17　紫云英

图 2-18　鸡脚草

图 2-19　柱花草

（图 2-20）、象草（图 2-21）、苏丹草（图 2-22）、燕麦草（图 2-23）和猫尾草（图 2-24）等。

苋科牧草的代表有紫粒苋（图 2-25），高产优质，蛋白质含量高，适口性好，也属于家兔的优质饲料。

图 2-20　黑麦草

图 2-21　象草

图 2-22　苏丹草

图 2-23　燕麦草

图 2-24　猫尾草

图 2-25　紫粒苋

2. 蔬菜类　蔬菜都可作为兔饲料，主要包括白菜、胡萝卜、甘蓝，但蔬菜水分含量过高，易使兔患消化道疾病，故应限制用量。

3. 青刈作物类　指玉米、麦类、豆类等进行人工密植在籽实未成熟前进行刈割喂兔，甘薯藤、花生秧等也属于此类。青玉米鲜嫩多汁，适口性好，含丰富的碳水化合物，产量高；青刈大麦苗、青刈燕麦苗再生性强，叶片茂盛，适口性好。这类饲料一定要做好种植饲喂计划。

4. 树叶类　有些青绿树叶的营养价值很高，适口性好，是兔的良好饲料。主要有槐树叶、柳树叶（图 2-26）、桑叶（图 2-27）、榆树叶（图 2-28）和茶树叶（图 2-29）等。

图 2-26　柳树叶

图 2-27　桑叶

图 2-28　榆树叶

图 2-29　茶树叶

5. 水生植物类　我国南方地区水生植物十分丰富，如水浮莲、水葫芦、水花生、绿萍等，都可做兔饲料，但它们含水量特别高，且易感染寄生虫，所以喂前应洗净，晾干再喂为佳。

6. 以草代药防治兔病的草

(1) 抗菌抗病毒类　大蒜（图 2-30）、野葱（图 2-31）、青蒿（图 2-32）、桑根（图 2-33）、板蓝根（图 2-34）和大青叶（图 2-35）等，可预防一般性细菌病毒病。

图 2-30　大蒜

图 2-31　野葱

图 2-32　青蒿

图 2-33　桑根

图 2-34　板蓝根

图 2-35　大青叶

（2）止污收敛类　马齿苋（图 2-36）、马兰、铁苋菜（图 2-37）、芥菜（图 2-38）和石榴皮等，可预防一般的消化道疾病。

（3）抗球虫类　柳树叶、断肠草（图 2-39）有预防和治疗兔球虫病的作用。

图 2-36　马齿苋

图 2-37　铁苋菜

图 2-38　芥菜

图 2-39　断肠草

（4）催情作用类　如菟丝子（图 2-40）和益母草（图 2-41）等。

图 2-40　菟丝子

图 2-41　益母草

7. 有毒性的草　乌头、野姜、颠茄、水芋、曼陀罗花、蓖麻、马铃薯秧、西红柿秧、白头翁、夹竹桃等有毒，不能用于喂兔，天竺葵、芥菜、大戟等对幼兔会引起消化失调，对成年兔则无害。

（六）粗饲料

粗饲料是指饲料干物质中粗纤维含量超过18%的一类饲料，包括农作物秸秆、秕壳、各种人工干草和干树叶等。因受收获、晾晒工艺和运输、贮存条件的影响，所含养分差异较大。

1. 青干草　因收获季节及晒制过程对青干草的营养价值影响很大，一般豆科牧草在开花初期、禾本科牧草在抽穗期收割最好。制作得当，营养成分损失可控制在18%～30%，可作为冬春季饲草不足时的主要饲料来源。一般豆科干草含较多的蛋白质。在制作兔的全价颗粒饲料时，广泛利用青干草打成的草粉作为主要原料之一。

2. 秸秆及秕壳　秸秆是成熟的农作物收获种子以后的茎秆、叶片、籽实的外壳及秕籽，如稻草、玉米秸、谷草、燕麦秸和花生蔓等。营养价值较低，主要用作补充粗纤维。

（七）矿物质饲料

在生长发育和繁殖过程中，矿物质是不可缺少的营养物质。常用饲料中虽然均含有一定的矿物元素，但在高效率生产情况下，饲料原料中的含量不能满足需要，必须按一定比例额外添加。常用的矿物质饲料主要有以下几种：

1. 食盐　即氯化钠。对提高家兔食欲，促进营养物质的消化吸收和维持体液平衡起重要作用。由于植物性饲料中钾多钠少，不能满足家兔需要，必须补充。一般食盐占兔风干日粮的0.3%～0.5%。一般地区以粗制食盐（大粒盐）粉碎后混在饲料中即可。家庭小型兔场，可将食盐溶在水里，以盐水拌料。对于缺碘地区，应补加含碘食盐。

2. *石粉* 石粉是天然的碳酸钙，是日粮钙的主要补充料，一般含钙35%以上，是廉价钙的来源。石粉来源很广，合格石粉一般占兔日粮的1%～3%。

3. *贝壳粉* 采用的贝壳主要有蚌壳、牡蛎壳、蛤蜊壳和贝壳等。新鲜贝壳含有有机质，应进行加热处理，粉碎后饲用。贝壳粉一般含钙30%以上，是良好廉价的钙补充料。

4. *蛋壳粉* 包括鸡、鸭、鹅等各种禽蛋壳，含钙35%以上，含磷0.18%。蛋壳来源广泛，孵化场和蛋品加工厂是蛋壳的主要来源。新鲜蛋壳含有很多有机质，容易受到污染，应进行消毒或加热灭菌处理，粉碎后饲喂。

5. *骨粉* 由动物骨头加工制成。按加工方法不同，可分煮骨粉、蒸骨粉和焙烧骨粉。煮骨粉是骨头在锅炉中煮沸，直至附着组织脱落，再经粉碎而成，此法脱去了部分脂肪。蒸骨粉是骨头在蒸汽压力下加热，除去骨油和肉屑粉碎而成。焙烧骨粉即骨灰，是将骨头置一定金属容器内燃烧而成。焙烧骨粉是对可疑废弃骨处理最可靠的方法。骨粉是钙和磷的来源，含钙一般为24%～32%，磷11%～15%。

6. *膨润土* 是一种复杂的化合（混合）矿物，含矿物元素11种以上，主要有硅、钙、铝、钾、镁、铁、钠等，成分大致为硅30%、钙10%、铝8%、钾6%、镁4%、铁4%、钠2.5%、锰0.3%、氯0.3%、锌0.01%、铜0.008%、钴0.004%。这些物质大都是家兔生长发育所需要的常量元素和微量元素。膨润土还具有吸附、置换、黏合和悬浮等功能，可吸收体内有毒物质（如NH_3、H_2S）和吸附胃肠道中的有害微生物并抑制其生长。在兔日粮中加入1%，具有明显提高家兔生产性能和减少疾病的作用。

7. 沸石粉　我国沸石矿产丰富，尤以内蒙古牙克石、河北承德围场和张家口等地贮量大。沸石含有近30种对畜体有益的元素，主要含有氧化硅和氧化铝。由于沸石具有特殊的理化结构，因此具有良好的吸附性和离子交换性。饲料中加入一定的沸石粉，可明显减少幼兔的腹泻率，提高日增重，降低饲料消耗，兔舍气味得到改善。沸石粉在兔日粮中一般加入1%～3%。

8. 麦饭石　麦饭石是一种多功能矿物，主要成分是氧化硅和氧化铝，在医药业上将其作为健胃保肝、调节新陈代谢、增强人体免疫力的药物使用。在食品、环保、保健、美容、化工及饲料添加剂等方面均已开发利用。麦饭石在兔日粮中可加入1%～3%。

【专家提示】

（1）矿物质饲料通常用于工厂化、集约化的养兔生产配制全价颗粒饲料，对粗放型养兔意义不大。

（2）以上介绍的矿物质饲料在兔日粮中添加的比例，是指只添加其中一种时的比例，并非这些矿物质饲料同时加入。

（八）饲料添加剂

家兔在舍饲条件下所需的营养物质完全依赖于饲料供给。家兔的配合饲料，一般都能满足家兔对能量、蛋白质、粗纤维和脂肪等的需要，但是不能满足家兔对一些微量营养物质的需要，必须另行添加。为了使营养物质能高效地转化成兔产品，配合饲料中必须加入促进生长和产毛等所需的物质。此外，还需加入预防常发病、防止饲料变质的制剂。这些添加物总称为饲料添加剂，按添加目的大致可分为以下几类：

1. 营养性添加剂　包括氨基酸添加剂、维生素添加剂和微量元素添加剂等，目的在于提高配合饲料营养上的全价性。

（1）氨基酸添加剂　通常饲料中必需氨基酸的含量与家兔需要

量之间存在一定的差距，如蛋氨酸和赖氨酸明显少于需求量，需要直接添加。对毛用兔来说，饲料中精氨酸的供给量与需要量也有较大的差距，用富含精氨酸的羽毛粉以满足毛用兔对精氨酸的需要。

（2）维生素添加剂　家兔盲肠微生物能利用食糜物质合成 B 族维生素和维生素 K，所以这类维生素一般不会缺乏，但脂溶性的维生素 A、维生素 D 和维生素 E 则必须由饲料供给。在不喂青绿饲料而以配合饲料为主的情况下，通常维生素 A、维生素 D 和维生素 E 含量不足，需添加这些维生素制剂。

（3）微量元素添加剂　是补充饲粮中某些微量元素的不足，维持和促进生理和生产需要。常用的添加剂有硫酸盐、碳酸盐、氧化物和氯化物等。一般需要向饲料中添加的微量元素有铁、铜、锌、锰、硒和碘等。在选择时，应尽量选择水溶性好、家兔吸收率较高的微量元素化合物。添加量遵从饲养标准中规定的含量，即忽略基础日粮中微量元素的含量。

2. 非营养性添加剂　非营养性添加剂指用于刺激动物生长、提高增重速度、改善饲料品质、驱虫保健和增进动物健康的一类添加剂。包括以下几种：

（1）抗生素类添加剂　属低分子有机化合物，目前用作动物饲料添加剂，根据范围可分为 2 类：人畜共用类添加剂，如青霉素、链霉素和卡那霉素等；动物专用类添加剂，如四环素、土霉素和泰乐菌素等。主要功能是预防疾病、促进生长和提高饲料转化率。

（2）驱虫保健添加剂　在集约化生产中，高密度饲养家兔极易感染寄生虫病，尤其是球虫病。抗球虫药物一般分为合成类抗球虫药和聚醚类抗生素抗球虫药，如盐酸氨丙啉、莫能霉素钠和地克珠利等。实践中，抗球虫药应交替使用，以免产生抗药性。

（3）饲料品质改善添加剂　饲料品质的改善是为了减少饲料产

品在贮藏、运输等过程中的营养损失和理化性质的改变，保证饲料质量，改善饲料的采食和消化而在日粮中添加的一类添加剂，包括抗氧化剂、防霉防腐剂和黏合剂等。

3. 中草药添加剂

（1）单方添加剂　有海带粉（对球虫具有较强的杀灭和抑制功能）、硫黄粉（可补中益气、健脾补虚，增强抗病力）、花针粉（含有植物激素、甾醇植物杀菌素等生物活性物质和铁、铜、锌、锰、钴等微量元素）、艾叶粉（促进血液循环、提高抗病力、提高繁殖率及改善饲料利用率）和大蒜（蒜头中含有大蒜素，可散寒、化湿、杀虫、解毒）等。

（2）复方添加剂　有催情散（可提高繁殖率）、四黄散（可防治兔球虫病、巴氏杆菌病）和常胡散（可防治兔球虫病）等。

中草药添加剂添加时用量一般占日粮的0.2%～0.5%。

4. 新型添加剂

（1）酶制剂　目前进口的酶制剂有：保增乐，兔饲料中的添加量为0.25%，八宝威，添加量为每吨0.25～1.0 kg。国产的有溢多利复合酶、ESB高量氨基酸活性饲料酵母，添加量为2%～4%；多维高蛋白活性饲料酵母，添加量为2%～4%。

（2）微生态制剂　指动物体内正常的有益微生物经过特殊工艺制成的活菌制剂，包括微生物促生长剂和益生素。

【专家提示】

（1）从仔兔18日龄补充饲料起，在其饲料中添加益生王，直到出售，可以大大降低幼兔的腹胀、腹泻率，提高商品兔的育成率。

（2）仔兔从18日龄补饲开始，在其饲料中添加低聚木糖，有利于肠道优势菌群的建立和病原菌排出，起到净化肠道的作用。低聚木糖与益生菌合用，预防幼兔肠道疾病的效果特别好。

(3) 使用益生菌和使用抗生素防病，作用机理相反，目的相似，前者是补，后者是杀，所以前者是健康安全养兔，有利于兔群健康，是健康养兔的核心技术。

(4) 从仔兔18日龄补充饲料开始，就要在饲料中添加复合酶，它能把饲料中的大分子物质分解为小分子物质，减轻仔兔消化道的负担。例如，胃蛋白酶和胰蛋白酶能把饲料中的蛋白质分解为肽或氨基酸，有利于仔兔进一步消化和吸收，把淀粉分解为葡萄糖，由小肠直接吸收。如果不给刚断奶仔兔补充复合酶制剂，营养物质就不能在小肠中被完全消化和被完全吸收，剩余的营养物质进入大肠(包括盲肠、结肠和直肠)，被大肠中的产气杆菌分解，产生大量气体，导致兔胀肚，进而出现腹泻，死亡率也很高。而在兔饲料中添加复合酶，特别是幼兔，可避免其胃肠消化酶缺少和活力降低，使营养物质在胃肠中消化充分，在小肠中吸收的比例大，进入大肠的内容物多为纤维素，幼兔腹胀、腹泻率就能大大降低。

任务二 家兔饲料的加工调制

试验研究与生产实践证明，对饲料进行加工调制，可明显改善饲料适口性，利于咀嚼，提高消化率和吸收率，提高生产性能，便于贮藏和运输。家兔不同饲料的加工调制如下：

一、青绿饲料的加工调制

青绿饲料含水分高，宜现采现喂，不宜贮藏运输，必须制成青干草或干草粉，才能长期保存。干草的营养价值取决于制作原料的种类、生长阶段和调制技术。一般豆科干草含较多的粗蛋白、豆科、禾本科和禾谷类作物干草有效能值无显著差别。在调制过程中，时间越短养分损失越小。在干燥条件下晒制的干草，养分损失通常不超过 20%；在阴雨季节晒制的干草，养分损失可达 15%以上。在人工条件下晒制的干草，养分损失仅 5%～10%，所含胡萝卜素多，为自然晒制的 3～5 倍。

调制干草的方法一般有 2 种，自然干燥和人工干燥。人工干燥法又分高温法和低温法。低温法是在 45～50 ℃下室内停放数小时，使青草干燥；高温法是在 50～100 ℃的热空气中脱水干燥 6～10 s。一般植株温度不超过 100 ℃，几乎能保存青草的全部营养价值，但需要一定的机械设备，投资大，成本较高。自然干燥包含地面干燥法、架上晒草干燥法、发酵干燥法和碾青干燥法。

二、粗饲料的加工调制

粗饲料质地硬、含维生素多，其中木质素比例大、适口性差、利用率低，通过加工调制可使这些性状得到改善。

1. 物理处理　就是利用机械、水、热力等物理作用，改变粗饲料的物理性状，提高利用率。具体方法有：切短，使之有利于咀嚼，且容易与其他饲料配合使用；浸泡，在 100 kg 温水中加入 5 kg 食盐，将切短的秸秆分批在温水中浸泡，24 h 后取出，提高秸秆的适口性，便于采食；蒸煮，将切短的秸秆于锅内蒸煮 1 h，焖 2～3 h 即可，可软化纤维素，提高适口性；热喷，将秸秆、荚壳等粗饲料置于饲料热喷机内，用高温、高压蒸汽处理 1～5 min 后，立即放在常压下使之膨化，热喷后的粗饲料结构疏松，适口性好，肉兔的采食量和消化率均能提高。

2. 化学处理　就是用酸等化学试剂处理秸秆等粗饲料，分解其中难以消化的部分，以提高秸秆的营养价值。

（1）氢氧化钠处理　氢氧化钠可使秸秆结构疏松，并可溶解部分难消化物质，而提高秸秆中有机物质的消化率。最简单的方法是将2%的氢氧化钠溶液均匀地喷洒在秸秆上，经24 h即可。

（2）石灰液钙化处理　石灰液具有同氢氧化钠类似的作用，而且可以补充钙质，更主要的是该方法简便，成本低。每100 kg秸秆用1 kg石灰、1～1.5 kg食盐，加水200～250 kg搅匀配好，把切碎的秸秆浸泡5～10 min，然后捞出放在浸泡池的垫板上，熟化24～36 h后即可饲喂。

（3）碱酸处理　把切碎的秸秆放入1%的氢氧化钠溶液中，浸泡好后捞出压实，过12～24 h再放入3%的盐酸中浸泡，捞出后排出溶液即可饲喂。

（4）氨化处理　氨化处理粗饲料可软化植物纤维，提高粗纤维的消化率，增加粗饲料中的含氮量，改善粗饲料的营养价值。

（5）纤维素酶分解纤维素　以提高粗饲料的消化率。

三、能量饲料的加工调制

能量饲料的营养价值及消化率一般都较高，但是常常因为籽实类饲料的种皮、颖壳、内部淀粉粒的结构及某些精料中含有不良物质而影响了营养成分的消化吸收和利用。所以这类饲料喂前也应经过一定的加工调制，以便充分发挥其营养物质的作用。

1. 粉碎　经粉碎后的籽实便于咀嚼，增加饲料与消化液的接触面，使消化作用进行比较完全，从而提高饲料的消化率和利用率。

2. 浸泡　将饲料置于池子或缸中，按1：（1～1.5）的比例加入水。谷类、豆类、油饼类的饲料经过浸泡，吸收水分，膨胀柔软，容易咀嚼，便于消化，而且浸泡后某些饲料的毒性和异味减轻，从而提高适口性。但是浸泡的时间应掌握好，浸泡时间过长，养分被水溶解造成损失，适口性也降低，甚至变质。

3. 蒸煮　马铃薯、豆类等饲料因含有不良物质不能生喂，必须蒸煮以解除毒性，蒸煮同时还可以提高适口性和消化率。蒸煮时间不宜过长，一般不超过 20 min，否则可引起蛋白质变性和某些维生素被破坏。

四、配合饲料的制粒

家兔具有啃咬坚硬食物的特性，这种特性可刺激消化液分泌，增强消化道蠕动，从而提高对食物的消化吸收。将配合饲料制成颗粒，可使淀粉熟化；大豆和豆饼及谷物中的抗营养因子发生变化，减少对家兔的危害；保持饲料的均质性，可显著提高配合饲料的适口性和消化率，提高生产性能，减少饲料浪费；便于贮存运输，同时还有助于减少疾病传播。颗粒饲料虽然有诸多优点，但在加工时应注意以下几项影响饲喂效果的因素：

1. 原料粉粒的大小　加工兔用颗粒饲料所用的原料粉粒过大会影响兔的消化吸收，过小易引起肠炎。一般粉粒直径以 1～2 mm 为宜，其中添加剂的粒度以 0.18～0.60 mm 为宜，这样才有助于搅拌均匀和消化吸收。

2. 粗纤维含量　颗粒饲料所含的纤维以 12%～14%为宜。

3. 水分含量　为防止颗粒饲料发霉，水分应控制，北方低于 14%，南方低于 12.5%。由于食盐具有吸水作用，在颗粒料中其用量以不超过 0.5%为宜。另外，在颗粒料中还加入 1%的防霉剂丙酸钙、0.01%～0.05%的抗氧化剂丁基化羟甲苯（BHT）或丁基化羟基氧基苯（BHA）。

4. 颗粒的大小　制成的颗粒直径应为 4～5 mm，长应为 8～10 mm，此规格的颗粒饲料喂兔收效最好。

5. 制粒过程中的变化　在制粒过程中，由于压制作用使饲料温度提高，或在压制前蒸汽加温，使饲料处于高温下的时间过长。高温对饲料中的粗纤维、淀粉有较好的影响，但对维生素、抗生素、合成氨基酸等不耐热的养分则有不利的影响，因此，在颗粒饲料的配方中应适当增加那些不耐高温养分的比例，以便弥补遭受损失的部分。

【专家提示】

（1）中小型养兔场、家庭养兔在配制饲料时，最好使用市场上销售的各类家兔的预混料，这样可在一定程度上降低配合饲料的成本，同时也给配制饲料带来极大的方便。

（2）目前市场上销售的颗粒饲料加工机械，都是饲料干进干出，不需要加水。功率在 2.2～3.5 kW，大多使用两相电，每小时产饲料在 200 kg 以下，适合小型养兔场；功率在 7.5 kW 以下的，大多是平模构造，生产的颗粒饲料的硬度不及环模构造的；环模颗粒饲料机一般是大功率机械，适合大中型养兔场。

任务三　家兔的饲料配方设计

一、家兔饲料配方设计的一般原则

（一）选择合适的饲养标准

家兔的饲养标准是配制家兔饲料最基本的依据，从生产实际出发，根据家兔的品种、年龄、体重、生理状态、生产目的与水平选择相应的饲养标准。例如，家兔正处于哺乳阶段，配合日粮时应选择哺乳阶段的饲养标准。

（二）选用适宜的饲料原料

饲料营养价值表及生产中积累的经验是选择饲料的依据，优质饲料原料是科学饲料配制的基础。因此，在选择某种饲料时，要全面分析评价其营养特性，明确该饲料的突出优点和严重缺陷。比如某种氨基酸含量高或含有某种毒素，使用时要扬长避短，合理搭配。另外，在选择饲料原料时还要注意以下几个方面：

1. 饲料的含水量　含水量过高不仅使饲料养分浓度降低，而且给饲料贮存带来麻烦，极易使饲料在贮存过程中发霉变质。

2. 饲料的适口性　饲料适口性直接影响兔子的采食量。适口性好的饲料兔子喜欢吃，可提高饲料的利用率，饲料养分含量很高。适口性差的饲料家兔不喜欢吃，会造成浪费。

3. 饲料的品质　如有没有霉变，是否含金属污染杂质，是否掺假等，对有异味、可能会影响兔产品质量的饲料要限制使用。

4. 饲料的搭配　尽量多选择几种饲料，因为任何一种饲料都不能满足家兔的所有需求，只有集合多种饲料，互相补充，才能配成营养全面、平衡的日粮。

5. 注意配伍禁忌　某些化学产品如矿物质、维生素及一些药物等在添加时不仅量有限制，而且添加顺序也有严格的要求。另外，一些国家明令禁止的药物不可添加。

6. 因地制宜，就地取材　充分利用当地资源，减少运输、贮存中的堆积损耗，以降低成本。同时又要算大账、算总账，开源节流。有的为了一味地降低饲料成本，盲目加大廉价粗饲料的比例，结果可能适得其反，反倒增加生产成本。

7. 注意能量、蛋白质和氨基酸等各种营养物质间的比例关系　这样可能会增加饲料成本，但饲料转化率提高，总的经济效益还是高得多。家兔是单胃草食动物，具有发达的盲肠，可耐受高水平的粗纤维，喜欢采食青绿多汁饲料及颗粒料。

（三）饲料原料配比

好的饲料配方，不仅能提高家兔的生产性能，而且还能预防由于饲料营养失调所造成的某些疾病，同时可降低饲料成本、提高经济效益。根据家兔养殖实践，常用原料的大致比例见表2-6。

表2-6 家兔饲粮中一般原料用量的大致比例及注意事项

种类	饲料种类	比例	注意事项
粗饲料	干草、秸秆、树叶、糟粕、蔓类等	20%～50%	几种粗饲料搭配使用
能量饲料	玉米、大麦、小麦、麸皮等谷实类及糠麸类	25%～35%	玉米比例不宜过高
植物性蛋白质饲料	豆饼、葵花饼、花生饼等	5%～20%	注意防止花生饼感染霉菌
动物性蛋白质饲料	鱼粉	0～5%	禁止使用劣质鱼粉
钙、磷类饲料	骨粉、磷酸氢钙、石粉、贝壳粉	1%～3%	注意骨粉质量
添加剂	矿物质、维生素、药物添加剂等	0.5%～1.5%	严禁使用国家明令禁止的违禁药物

二、家兔典型饲养标准

饲养标准是设计饲料配方的依据，包括能量、蛋白质、氨基酸、粗纤维、矿物质和维生素等指标的需要量，并且通常以每千克饲粮中的含量和百分比数表示。

对家兔营养需要量研究较多的国家有法国、德国、西班牙、匈牙利、美国和苏联。我国进入20世纪80年代后才开始研究毛兔和肉兔的营养需要量。以下是家兔饲养标准：

（1）世界家兔科学大会上专家推荐肉兔营养需要，见表 2-7。

表 2-7　肉兔饲养的营养推荐值

指标		生长兔		繁殖兔		单一饲料
		18～42 d	42～75,80 d	集约化	半集约化	
1 组:对最高生产性能的推荐量						
消化能	/(kcal/kg)	2 400	2 600	2 700	2 600	2 400
	/(MJ/kg)	9.5	10.5	11.0	10.5	9.5
粗蛋白/%		15.0～16.0	16.0～17.0	18.0～19.0	17～17.5	16.0
可消化蛋白/%		11.0～12.0	12.0～13.0	13.0～14.0	12.0～13.0	11.0～12.5
可消化蛋白/可消化能比例	(g/1 000 kcal)	45	48	53～54	51～53	48
	(g/MJ)	10.7	11.5	12.7～13.0	12.0～12.7	11.5～12.0
脂肪/%		20～25	25～40	40～50	30～40	20～30
赖氨酸/%		0.75	0.80	0.85	0.82	0.80
含硫氨基酸(蛋氨酸＋胱氨酸)/%		0.55	0.60	0.62	0.60	0.60
苏氨酸/%		0.56	0.58	0.70	0.70	0.60
色氨酸/%		0.12	0.14	0.15	0.15	0.14
精氨酸/%		0.80	0.90	0.80	0.80	0.80
钙/%		0.70	0.80	0.12	0.12	0.11
磷/%		0.40	0.45	0.60	0.60	0.50
钠/%		0.22	0.22	0.25	0.25	0.22
钾/%		＜1.5	＜2.0	＜1.8	＜1.8	＜1.8
氯/%		0.28	0.28	0.35	0.35	0.30
镁/%		0.30	0.30	0.40	0.30	0.30
硫/%		0.25	0.25	0.25	0.25	0.25
铁/(mg/kg)		50	50	100	100	80
铜/(mg/kg)		6	6	10	10	10
锌/(mg/kg)		25	25	50	50	40
锰/(mg/kg)		8	8	12	12	10

续表 2-7

指标	生长兔		繁殖兔		单一饲料
	18～42 d	42～75,80 d	集约化	半集约化	
维生素 A/(IU/kg)	6 000	6 000	10 000	10 000	10 000
维生素 D/(IU/kg)	1 000	1 000	1 000 (＜1 500)	1 000 (＜1 500)	1 000 (＜1 500)
维生素 E/(mg/kg)	≥30	≥30	≥50	≥50	≥50
维生素 K/(mg/kg)	1	1	2	2	2
2 组:保持家兔最佳健康水平的推荐量					
木质纤维素(ADF)/%	≥19.0	≥17.0	≥13.5	≥15.0	≥16.0
木质素(ADL)/%	≥5.50	≥ 5.00	≥3.00	≥3.00	≥5.00
纤维素(ADF-ADL)/%	≥13.0	≥11.0	≥9.0	≥9.0	≥11.0
木质素/纤维素比例	≥0.40	≥0.40	≥0.35	≥0.40	≥0.40
中性洗涤纤维(NDF)/%	≥32.0	≥31.0	≥30.0	≥31.5	≥31.0
半纤维素(NDF-ADF)	≥12.0	≥10.0	≥8.5	≥9.0	≥10.0
(半纤维素＋果胶)/ADF 比例	≤1.3	≤1.3	≤1.3	≤1.3	≤1.3
淀粉/%	≤14.0	＜20.0	＜20.0	＜20.0	＜16.0
维生素 C/(mg/kg)	250	250	200	200	200
维生素 B_1/(mg/kg)	2	2	2	2	2
维生素 B_2/(mg/kg)	6	6	6	6	6
尼克酸(烟酸)/(mg/kg)	50	50	40	40	40
泛酸/(mg/kg)	20	20	20	20	20
维生素 B_6/(mg/kg)	2	2	2	2	2
叶酸/(mg/kg)	5	5	5	5	5
维生素 B_{12}/(mg/kg)	0.01	0.01	0.01	0.01	0.01
胆碱/(mg/kg)	200	200	100	100	100

注：对于母兔，半集约化生产平均每年生产断奶仔兔 40～50 只，集约化生产平均每年生产断奶仔兔大于 50 只。

单一饲料推荐量表示可应用于所有兔场中兔的日粮，其配制考虑了不同种类兔子的需要量。

（2）其他专家推荐的肉兔饲养标准参考 NY/T 4049—2021，见表 2-8。

表 2-8 肉兔饲养标准

指标	生长肉兔		妊娠母兔	泌乳母兔	空怀母兔	种公兔
	断奶至2月龄	2月龄至出栏				
消化能(MJ/kg)	10.5	10.5	10.5	10.8	10.2	10.5
粗蛋白/%	16.0	16.0	16.5	17.5	16.0	16.0
总赖氨酸/%	0.85	0.75	0.8	0.85	0.7	0.7
总含硫氨基酸/%	0.60	0.55	0.60	0.65	0.55	0.55
精氨酸/%	0.80	0.80	0.80	0.90	0.80	0.80
粗纤维/%	≥16.0	≥16.0	≥15.0	≥15.0	≥15.0	≥15.0
中性洗涤纤维(NDF)/%	30.0～33.0	27.0～30.0	27.0～30.0	27.0～30.0	30.0～33.0	30.0～33.0
酸性洗涤纤维(ADF)/%	19.0～22.0	16.0～19.0	16.0～19.0	16.0～19.0	16.0～22.0	16.0～22.0
酸性洗涤木质素(ADL)/%	5.5	5.5	5.5	5.0	5.5	5.5
淀粉/%	≤14	≤20	≤20	≤20	≤16	≤16
粗脂肪/%	2.0	3.5	3.0	3.0	3.0	3.0
钙/%	0.60	0.60	1.0	1.1	0.60	0.50
磷/%	0.40	0.40	0.50	0.50	0.40	0.40
钠/%	0.22	0.22	0.22	0.22	0.22	0.22
氯/%	0.25	0.25	0.25	0.25	0.25	0.25
钾/%	0.80	0.80	0.80	0.80	0.80	0.80
镁/%	0.3	0.3	0.4	0.4	0.4	0.4
铜/(mg/kg)	10.0	10.0	20.0	20.0	20.0	20.0
锌/(mg/kg)	50.0	50.0	60.0	60.0	60.0	60.0
铁/(mg/kg)	50.0	50.0	100.0	100.0	70.0	70.0
锰/(mg/kg)	8.0	8.0	10.0	10.0	10.0	10.0
硒/(mg/kg)	0.05	0.05	0.1	0.1	0.05	0.05

续表 2-8

指标	生长肉兔		妊娠母兔	泌乳母兔	空怀母兔	种公兔
	断奶至2月龄	2月龄至出栏				
碘/(mg/kg)	1.0	1.0	1.0	1.1	1.1	1.0
钴/(mg/kg)	0.25	0.25	0.25	0.25	0.25	0.25
维生素 A/(IU/kg)	12 000	12 000	12 000	12 000	10 000	12 000
维生素 E/(mg/kg)	50.0	50.0	100.0	100.0	100.0	100.0
维生素 D/(IU/kg)	900	900	1 000	1 000	1 000	1 000
维生素 K_3/(mg/kg)	1.0	1.0	2.0	2.0	2.0	2.0
维生素 B_1/(mg/kg)	1.0	1.0	1.2	1.2	1.0	1.0
维生素 B_2/(mg/kg)	3.0	3.0	5.0	5.0	3.0	3.0
维生素 B_6/(mg/kg)	1.0	1.0	1.5	1.5	1.0	1.0
维生素 B_{12}/(mg/kg)	10.0	10.0	12.0	12.0	10.0	10.0
叶酸/(mg/kg)	0.2	0.2	1.5	1.5	0.5	0.5
尼克酸(烟酸)/(mg/kg)	30.0	30.0	50.0	50.0	30.0	30.0
泛酸/(mg/kg)	8.0	8.0	12.0	12.0	8.0	8.0
生物素/(mg/kg)	80.0	80.0	80.0	80.0	80.0	80.0
胆碱/(mg/kg)	100.0	100.0	200.0	200.0	100.0	100.0

(3)长毛兔饲养标准参考 DB 32/T 2875—2016，见表 2-9 和表 2-10。

表 2-9　长毛兔饲粮营养成分

项目	幼兔(断奶至3月龄)	青年兔	妊娠母兔	哺乳母兔	产毛兔	种公兔
消化能/(MJ/kg)	10.45	10.03～10.45	10.03	10.87	9.82	10.03
粗蛋白/%	16	15～16	16	18	15	17
可消化粗蛋白/%	12	10～11	11.5	13.5	10.5	13
粗纤维/%	14	16～17	15	13	17	16～17
蛋白能量比/(g/MJ)	11.48	10.77	11.48	12.44	11.00	12.68
钙/%	1.0	1.0	1.0	1.2	1.0	1.0
磷/%	0.5	0.5	0.5	0.8	0.5	0.5

续表 2-9

项目	幼兔(断奶至 3 月龄)	青年兔	妊娠母兔	哺乳母兔	产毛兔	种公兔
铜/(mg/kg)	20～200	20	10	10	30	10
锌/(mg/kg)	50	50	70	70	50	70
锰/(mg/kg)	30	30	50	50	30	50
含硫氨基酸/%	0.6	0.6	0.8	0.8	0.8	0.6
赖氨酸/%	0.7	0.65	0.7	0.9	0.5	0.6
精氨酸/%	0.6	0.6	0.8	0.8	0.8	0.6
维生素 A/(IU/kg)	8 000	8 000	8 000	10 000	6 000	12 000
胡萝卜素/(mg/kg)	0.83	0.83	0.83	1.0	0.6	1.2

表 2-10　长毛兔每日营养需要量

类别	体重/kg	日增重/g	颗粒料采食量/g	消化能/kJ	粗蛋白/g	可消化粗蛋白/g
断奶至3月龄	0.5	20	60～80	493.24	10.1	7.8
		35		581.20	11.7	9.1
		30		668.80	13.3	10.4
断奶至3月龄	1.0	20	70～100	739.86	12.4	9.3
		25		827.64	14.0	10.3
		30		915.42	15.6	11.8
	1.5	20	95～110	990.66	14.7	10.7
		25		1 078.44	16.3	12.0
		30		1 166.22	17.9	13.3
青年兔	2.5	10	115	1 546.60	23	16
		15		1 613.48	24	17
	3.0	10	160	1 588.40	25	17
		15		1 655.28	26	18
	3.5	10	165	1 630.20	27	18
		15		1 697.06	28	19

续表 2-10

类别	体重/kg	日增重/g	颗粒料采食量/g	消化能/kJ	粗蛋白/g	可消化粗蛋白/g
妊娠母兔，平均每窝产仔 6 只，每日产毛 2 g	3.5～4.0	母兔不少于 2	不低于 165	1 672.00	27	19
哺乳母兔，每窝哺仔 5～6 只，每日产毛 2 g	3.5	3	不低于 210	2 215.40	36	27
	4.0	3		2 319.90		
产毛兔，每日产毛 2～3 g	3.5～4.0	3	150	1 463.00	23	16
种公兔，配种期，每日产毛 2 g	3.5	3	150	1 463.00	26	19

(4)肉兔饲料配方见表 2-11。

表 2-11 肉兔饲料配方

项目	生长兔			妊娠母兔	哺乳母兔及仔兔		种公兔	
	配方 1	配方 2	配方 3		配方 1	配方 2	配方 1	配方 2
饲料原料								
苜蓿草粉/%	36	35.3	35	35	30.5	29.5	49	40
陈皮/%	11.2	6.7	7	7	3	4	15	15
玉米/%	22	21	21.5	21.5	30	29	17	12
大麦/%	14	—	—	—	10	—	—	—
燕麦/%		20	22.1	22.1	—	14.7	—	14
豆饼/%	11.5	12	9.8	9.8	17.5	14.8	15	15
鱼粉/%	0.3	1	0.6	0.6	4	4	3	3
食盐/%	0.2	0.2	0.2	0.2	0.2	0.2	0.2	0.2
石粉/%	2.8	1.8	1.8	1.8	2	1.8	0.8	0.8
骨粉/%	2	2	2	2	2.8	2	—	—
日粮营养价值								
消化能/(MJ/kg)	10.46	10.46	10.46	10.46	11.3	—	9.79	10.29
粗蛋白/%	15	16	15	15	18	—	18	18
粗纤维(计算值)/%	15	16	16	16	12.8	12	19	—

续表 2-11

项目	生长兔			妊娠母兔	哺乳母兔及仔兔		种公兔	
	配方 1	配方 2	配方 3		配方 1	配方 2	配方 1	配方 2
添加量								
蛋氨酸/%	0.14	0.11	0.14	0.12	—	—	—	—
多维素/%	0.01	0.01	0.01	0.01	0.01	0.01	0.01	0.01
硫酸铜/(mg/kg)	50	50	50	50	50	50	50	50
氯苯胍	160 片/50 kg,妊娠母兔日粮中不加,公兔定期加入							

【注意事项】

(1) 初拟配方时，先确定食盐、矿物质和预混料等原料的用量。

(2) 对所用原料的营养特点要有一定了解，确定有毒素、营养抑制因子等原料的用量。质量低的动物性蛋白饲料最好不用，因为其造成危害的可能性很大。

(3) 调整配方时，先以能量、粗蛋白和粗纤维为目标进行，然后考虑矿物质、氨基酸等。

(4) 矿物质不足时，先以含磷高的原料满足磷的需要，再计算钙的含量；不足的钙以低磷高钙的原料（如贝壳粉、石粉）补足。

(5) 氨基酸不足时，以合成氨基酸补充，但要考虑氨基酸的含量和效价。

(6) 添加的抗球虫药物等，要轮换使用，以防产生抗药性。禁止使用马杜拉霉素等易中毒的添加剂。

项目三

兔场的建设与环境调控

兔场是集中饲养家兔和以养兔为中心而组织生产的场所，是家兔重要的外界环境条件。养兔首先要考虑在什么地方养，兔舍怎样建造，使用什么设备等。良好的兔舍和完善的设备，是养好家兔的基础，与饲养管理、疾病防控和劳动生产率的提高有密切关系。

任务一　养兔场建设

一、兔场选址、布局和建造

（一）兔场场址的选择

兔场场址的选择对养好家兔至关重要。应根据家兔的生物学特性、防疫的基本要求及建筑学的原则去科学地选择场址。兔场选址时，既要考虑家兔的生产特点，又要考虑建场地点的自然条件和社会条件。

1. 地势地形　兔场应选在地势高、有适当坡度、背风向阳、地下水位低、排水良好的地方（图 3-1）。场址的地下水位应在 2 m 以上。地势过低容易造成潮湿环境，地势过高则容易造成过冷环境，均有损家兔健康。低洼潮湿、排水不良的场地不利于家兔体热调节，而有利于病原微生物的生长繁殖，特别是适合寄生虫（如球虫等）的生存。为便于排水，兔场地面要平坦或稍有坡度（以1%～3%为宜）。

地形要开阔、整齐、紧凑，不宜过于狭长或边角过多，以便缩短道路和管线长度，提高场地的有效利用，节约资金和便于管理。可利用天然地形、地物（如林带、山岭、河川等）作为天然屏障和场界。

2. 水源　家兔的需水量较大，为采食量的1.5～2倍，夏季为采食量的4倍以上。此外，还有兔舍的冲洗、消毒，饲养人员的生活用水等等。因此，建造兔场必须考虑水源和水的质量（表3-1）。理想的水源是泉水和自来水，其次是井水及流动无污染的河水。坑、塘中的死水因受细菌、寄生虫和有毒化学物质的污染，不宜作为兔场的水源。

表3-1　水质卫生要求

指标	卫生要求
色、臭、味	不得呈现工业废水和生活污水所特有的颜色、异臭、异味
漂浮物质	水面上不得出现较明显的油膜和浮沫
pH	6.5～8.5
生化需氧量（5 d 20 ℃）	不超过3～4 mg/L
溶解氧	不低于4 mg/L
有害物质	不超过规定的最高容许浓度
病原体	含有病原体的工业废水和医院污水，必须经过处理和严格消毒，彻底消灭病原体后，方准引入地面水

3. 土质　透气透水性强、吸湿性和导热性小的沙质壤土为宜。这类土壤的毛细管作用弱，质地均匀，抗压性强，易于保持土壤干燥，防止病原微生物的繁衍，有利于建筑物坚固持久，延长使用

寿命。

4. 交通及电力建设较便利的地方　根据防疫要求，应距离交通要道 300 m，普通道路 100 m 以上。在有高大建筑围墙和天然屏障的情况下，距离可适当缩小。兔场的照明、饲料加工、泵水供暖等都需要电力供应。大规模兔场必须考虑电源，同时应自备电源，以防停电。

5. 环境　兔场的周围环境主要包括居民区、交通、电力和其他养殖场等。家兔生产过程中形成的有害气体及排泄物会对大气和地下水产生污染，因此兔场不宜建在人烟密集的繁华地带，而应选择相对隔离的偏僻地方，有天然屏障（如河塘、山坡等）隔离则更好。大型兔场应建在居民区之外 500 m 以上，处于居民区的下风头，地势低于居民区，但应避开生活污水的排放口，远离造成污染的环境，如化工厂、屠宰场、制革厂、造纸厂和牲口市场等，并处于它们的平行风向或上风头。兔子胆小怕惊，因此兔场应远离噪源。兔场不应成为周围环境的污染源，同时也不能受到周围环境的污染。因此，兔场应建在居民点的下风方向而又离开居民点的排污口。

6. 朝向　兔场朝向应以日照和当地主导风向为依据，使兔场的长轴与夏季的主导风向垂直，我国多数地区夏季盛行东南风，冬季多为东北风或西北风。因此，兔场和兔舍朝南较为理想，这样有利于夏季的通风和冬季获得较多的光照（图 3-1）。

7. 面积　兔场选址时应同时考虑面积的大小，在满足兔场当时需要外，还应考虑今后的发展。对于一个大型兔场，一只基础母兔及其所生后代应占 0.6 m^2 的建筑面积，兔场建筑系数约为 15%，根据兔场基础母兔的多少计算兔场的建筑面积。

图 3-1　兔舍建在地势较高、排水良好的地方

（二）兔场的布局

兔场的总体布局是否合理，不仅关系到兔场的建筑投资，而且对兔场长期的经营活动造成影响。兔场布局和其他畜牧场一样，应合理安排生产区、管理区、生活区和兽医隔离区；要合理安排好兔舍的朝向、间距和道路（图 3-2）。

图 3-2　兔舍的朝向、间距和道路

1. 生产区　即养兔区，是兔场的主要建筑，包括种兔舍、繁殖舍、育成舍、育肥舍或幼兔舍等。生产区是兔场的核心部分，其排列方向应面对该地区的常年风向。为了防止生产区的气味影响生活区，生产区应与生活区并列排列或处偏下风位置。优良种兔舍（即核心群）应置于环境最佳的位置，育肥舍和幼兔舍应靠近兔场一侧的出口处，以便于出售。生产区入口处以及各兔舍的门口，应有相

应的消毒设施，如车辆消毒池、脚踏消毒池、喷雾消毒室和紫外灯消毒室等。生产区的运料路线与运粪路线不能交叉，在总体设计时，应以最短的线路合理安排，使两种道路严格分开，避免交叉。

2. 生产辅助区　主要包括饲料加工车间、饲料库（原料库和成品库）、维修车间、粪场、变电室、兽医诊断室和供水设施等，应单独成区，与生产区隔开，但为了缩短管线和道路长度，应与生产区保持较短的距离。由于饲料加工有粉尘污染，因此，辅助区必须设在生产区、管理区和生活区的下风，以保证整个兔场的安全。

3. 管理区　管理区是办公和接待来往人员的地方，通常由办公室、接待室、陈列室和培训教室组成。其位置应尽可能靠近大门口，使对外交流更加方便，也减少对生产区的直接干扰。

4. 兽医隔离区　包括兽医室、隔离舍、尸体处理处和粪便晾晒场等容易对兔场产生污染的建筑。应建在兔场的下风头及地势最低的地方，远离健康兔群。

5. 生活区　包括职工宿舍、食堂及文化娱乐场所。一般应单独成院，严禁与兔舍混建。为了工作方便，不应距生产区太远。在通往生产区的入口处，应设消毒间、消毒池和更衣室。一般生活区在上风向，继而是生产区。

6. 兔舍的朝向和间距　兔舍一般应坐北朝南，兔舍的长轴与夏季的主导风向垂直。但是多排兔舍平行排列时，如果兔舍长轴与主导风向垂直，后排兔舍受到前排兔舍的阻挡，通风效果不好。要达到理想的通风效果，要加大兔舍的间距，一般间距为舍高的 4～5 倍，但这样要占用较多的土地，经济上不合算，生产中也难以做到。如果从夏季的主导风向和兔舍的关系考虑，使兔舍长轴与夏季的主导风向成 30°左右的夹角，可大大缩短兔舍间距，并可使每排兔舍获得最佳的通风效果。

（三）兔舍的建造

兔舍建筑要因地制宜，就地取材，经济耐久，科学实用。兔舍要能防雨、防风、防寒、防暑和防鼠等，要求干燥、通风良好、光线充足，冬季易于保温，夏季易于通风降温。

1. 兔舍地面　地面应致密、坚实、平坦、防潮、保温、不透水、易清扫，抗各种消毒剂侵蚀，一般用水泥地或防滑瓷砖。粪沟用水泥或瓷砖。出粪口一般设在兔舍两端或中央（兔舍较长时）。舍内地面应高于舍外地面 20～25 cm。

2. 兔舍墙壁　应坚固、抗震、抗冻，具有良好的保温和隔热性能。多用砖或石砌成，以空心墙最好。距离地面 1.5 m 以下的表面应用水泥抹平，以利消毒。

3. 兔舍基础　应坚固耐久，一般比墙宽 10～15 cm，埋置深度在当地土层最大冻结深度以下。墙壁应坚固、抗震、防水、防火、抗冻和便于消毒，同时具备良好的保温隔热性能。屋顶和天花板要严密、不透气。可采用水泥制件、瓦片等。为保证通风换气，可在舍顶上均匀地设置排气孔。兔舍内高以 2.5～3.5 m 为宜。

4. 兔舍门与窗　门应结实，开启方便，关闭严实，一般向外拉启。表面无锐物，门下无台阶。兔舍的外门一般宽 1.2 m，高 2 m。较长的兔舍在阳面墙的中间设门，寒冷地区的北墙不宜设门。

窗户对于采光、自然通风换气及温湿度的调节有很大影响。一般要求兔舍地面和窗户的有效采光面积之比为：种兔舍 10∶1 左右，幼兔舍 15∶1 左右，入射角不小于 25°，透光角不小于 5°（图 3-3）。

5. 排污系统　由沉淀池、暗沟、关闭器及蓄粪池等组成。这一系统应能及时将舍内粪尿排出。粪尿沟应有一定的坡度（1% 左右），表面光滑，做防渗处理。

6. 兔舍的跨度、长度　应根据家兔的类型、兔笼的形式、兔笼

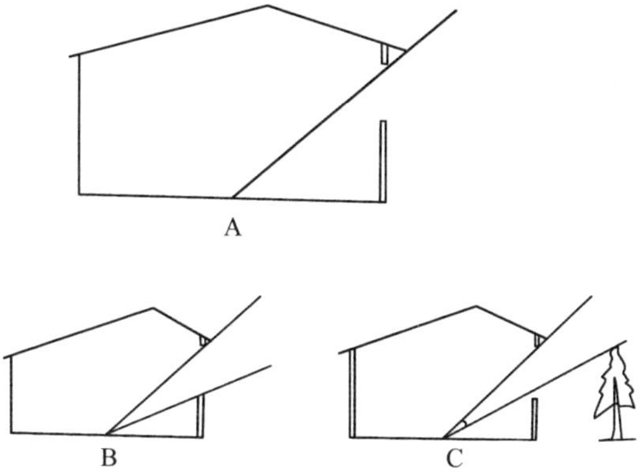

A. 入射角　B、C. 透光角

图 3-3　入射角和透光角

的排列方式及当地气候环境条件而定。兔舍的列数与跨度对应见表3-2。跨度不宜过大也不宜过小，一般情况下控制在 10 m 以内；兔舍的长度没有严格的规定，根据建设的条件和要求及饲养量灵活掌握，一般控制在 50 m 以内。

表 3-2　兔舍列数与跨度对应

列数	跨度	布局
单列式	不大于 3 m	1 个走道、1 个粪沟（全重叠式兔笼）
双列式	4 m 左右	2 个走道、1 个粪沟，或 1 个走道、2 个粪沟（全重叠式兔笼）
三列式	5 m	2 个走道、2 个粪沟（全重叠式兔笼）
四列式	7.5～8.5 m	3 个走道、2 个粪沟（品字形兔笼）
六列式	12 m	4 个走道、3 个粪沟（品字形兔笼）

在寒冷地区，兔舍高度宜低，以 2.5 m 左右为宜。炎热地区可实行多层笼养，其跨度应增加 0.5～1 m。单层兔笼可低，三层兔笼宜高；兔舍的跨度没有统一规定，一般来说，单列式应控制在 3 m 以内，双列式在 4 m 左右，三列式 5 m 左右，四列式 6～7 m；兔舍的长度没有严格的规定，一般控制在 50 m 以内，或根据生产定额，以一个班组的饲养量确定兔舍长度。

（四）兔舍的主要类型

根据当地环境条件、饲养规模等，选择合适的兔舍类型。

1. 开放式兔舍（图 3-4）　这种兔舍无墙壁，屋柱可用木、水泥或钢筒制成，屋顶以双坡式为好。兔笼安放在舍内两边，中间为走道。优点是造价较低，通风良好，呼吸道疾病和眼疾较少，管理方便；缺点是无法进行环境控制，不易预防兽害。适用于较温暖的地区。

图 3-4　开放式兔舍

2. 半开放式兔舍　这种兔舍上有屋顶，四周有墙，前后有窗户。通风换气依赖门窗和通风口。优点是有较好的保温和防暑作用，可进行环境控制，便于人工管理，可预防兽害；缺点是兔舍内空气质量较差，在冬天要处理好通风和保温的矛盾。目前我国北方规模兔场多采用这种形式。

（1）单列式兔舍　兔舍内部纵向放置一列兔笼，笼门朝南，兔笼前面设走道，后面设粪沟和除粪道，见图 3-5、图 3-6。

（2）双列式兔舍　沿兔舍纵轴方向放置两列兔笼（图 3-7）。

室外双列式兔舍　两列兔笼相向排列；

室内双列式兔舍　两列兔笼背靠背排列；两列兔笼面对面排列

(图 3-8)。

(3) 多列式兔舍　沿兔舍纵轴方向放置 3 列或 3 列以上兔笼，兔舍跨度一般为 8～12 m（图 3-9）。

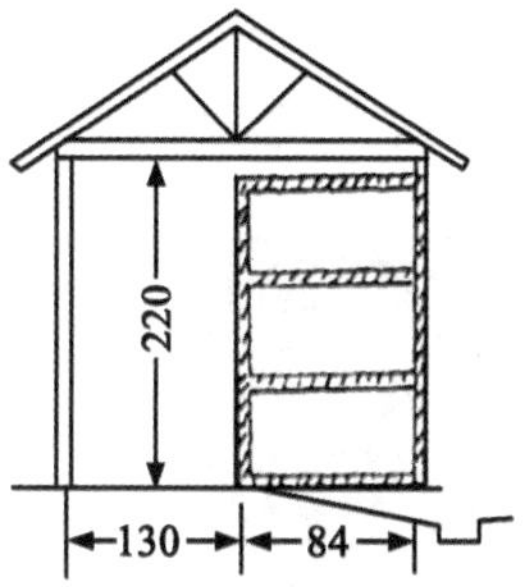

图 3-5　单列式半开放式兔舍

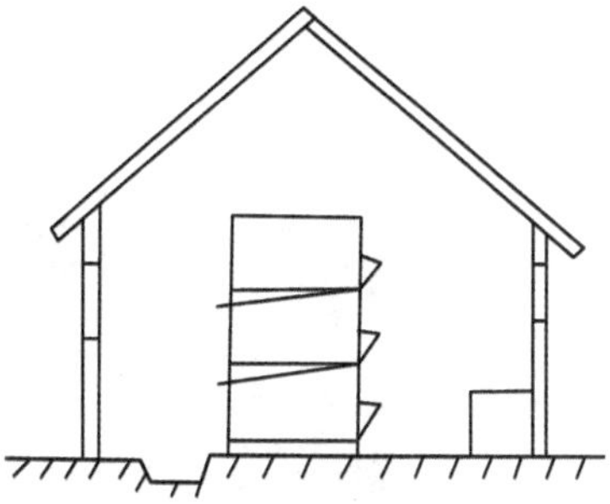

图 3-6　室内单列式半开放式兔舍

图 3-7　双列式半开放式兔舍

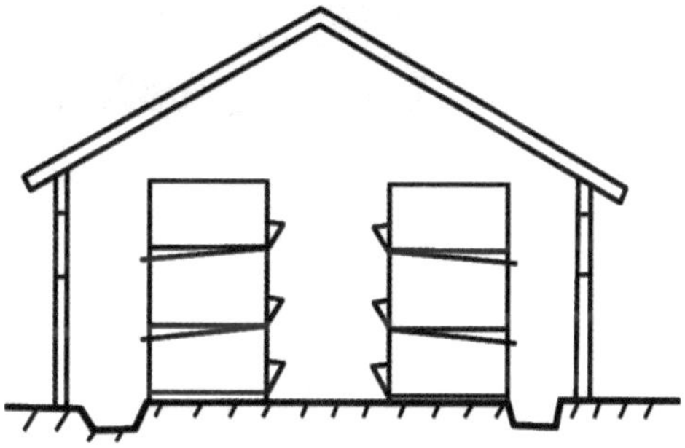

图 3-8　室内双列式开放式兔舍

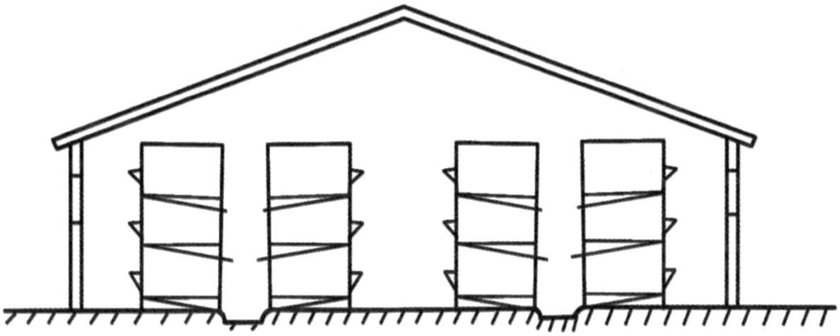

图 3-9　四列式半开放式兔舍

3. 封闭式兔舍（图 3-10） 即环境控制舍。这种兔舍无窗户，舍内温度、湿度、光照和通风等全部靠人工控制，有的仅在一侧墙壁上设置可控制的小窗户。优点是可以为家兔提供一个适宜的生活环境，生产效率高；缺点是一次性投资大，对水电设备依赖性强。目前发达国家、国内新建的大型兔场多采用这种兔舍。

图 3-10 封闭式兔舍

二、兔场设备的设计

（一）兔笼的设计

1. 大小 根据家兔类型、品种、生理阶段而定（图 3-11）。一般笼长为体长的 1.5～2 倍，宽（深）为体长的 1.3～1.5 倍，高为体长的 0.8～1.2 倍。一般标准兔笼尺寸为：笼宽 50～60 cm，笼深 50～65 cm，笼高 35～40 cm。兔笼大小还应考虑：①毛兔略大，獭兔较小，大型肉兔品种适当大一些；②舍外养兔宽度应深些；③兔笼较高或层数较多时，深度应浅些，以便饲养管理。

2. 高度 兔笼以 2～3 层为宜，总高度一般为 2 m 左右。

3. 笼壁 固定式兔笼多用砖、石和水泥板砌成，移动式兔笼多用冷拔丝网、铁丝网、打眼铁皮、竹板等制作。笼壁要平滑，网孔

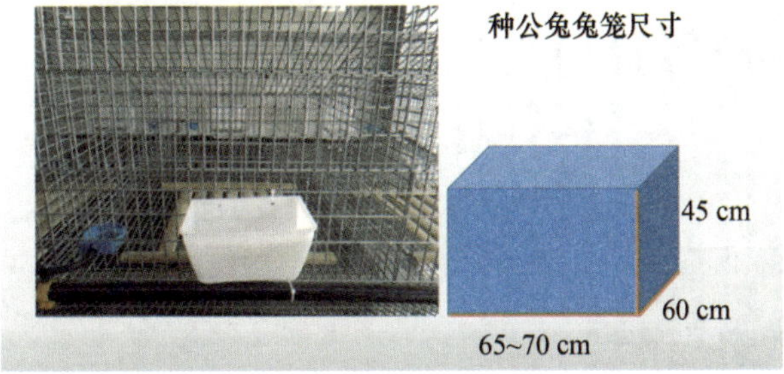

图 3-11 种公兔单笼饲养

大小要适中，网孔过大，仔兔、幼兔易跑出或串笼。

4. 门 一般安装在笼前，单层笼也可安装在笼顶。可用铁丝网、打眼铁皮、竹板条等制作。笼门以（40～50）cm×35 cm 为宜。笼门框架要平滑，以免划伤兔体。笼门类型见图 3-12、图 3-13。

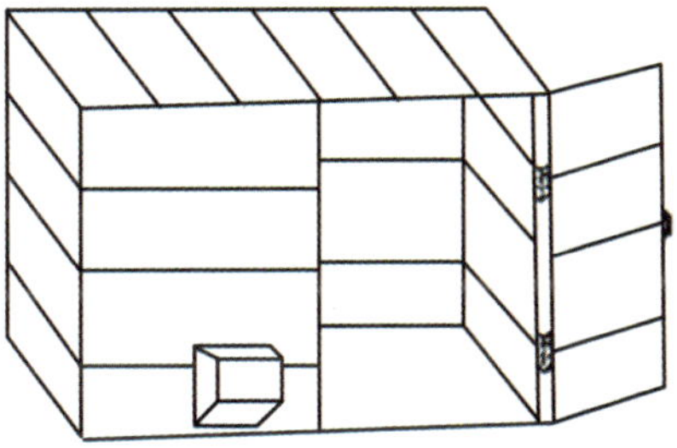

图 3-12 单笼左右开式

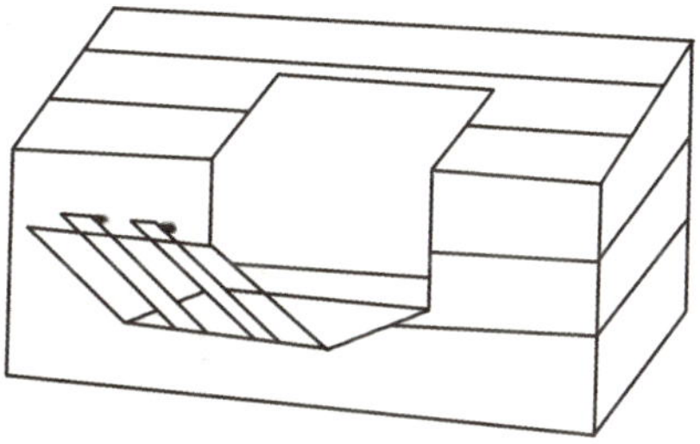

图 3-13 单笼上下开式

5. 笼底板 材料和制作方式不同，有以下几种：

板条式 材料是竹板（图 3-14）、塑料底网（图 3-15、图 3-16）和金属底网（图 3-17）等。板条宽 2～5 cm，厚度适中。间距 1.2 cm，要求既可漏粪，又能避免夹住兔脚。目前多用竹板，要求表面无毛刺，竹板间隙前后均匀一致，固定竹板的铁钉不突出在外面。底板以活动式为佳。板条走向应与笼门相垂直，以免引起八字腿。

图 3-14　竹板底网

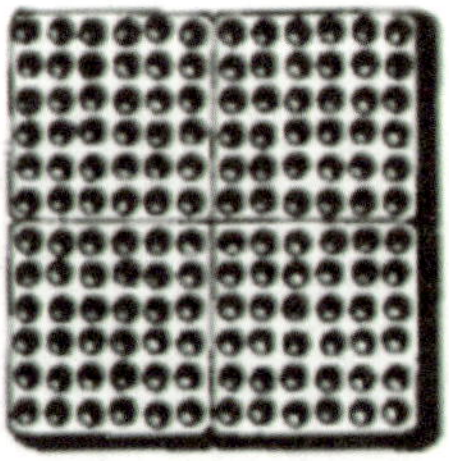

图 3-15　板式塑料底网

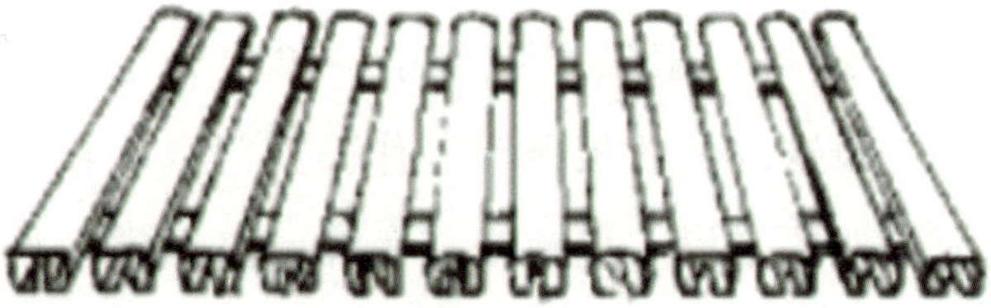

图 3-16　条式塑料底网

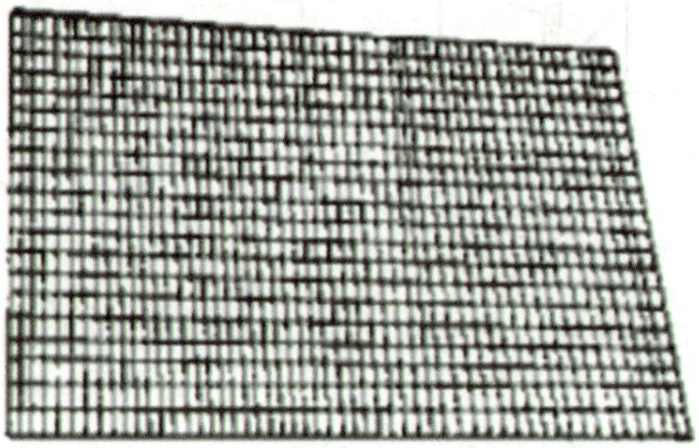

图 3-17　金属底网

若是网状底板，采用镀锌材料编制而成，网眼尺寸为 1.9 cm×1.9 cm，厚度一般为 2.5～3.0 mm。该地易挂兔毛，低温时不利于兔体健康，材料购置费用多。若用镀锌条式地板，铁丝线直径为 3～5 mm，间隙 12 cm。该地板适用于仔幼兔，不适用于繁殖种兔和体型较大的兔，易引起脚皮炎。

6. 承粪板及笼顶　承粪板可用塑料板、铁皮或油毛毡等。砖石兔笼多用水泥板、石板做承粪板，也可在树枝、麦秸上抹泥，上面用石灰抹上做承粪板。宽度应大于兔笼，前伸 3～5 cm，后延 5～10 cm，前高后低，倾斜 10°～15°，以便粪、尿直接流入粪沟。多层兔笼上层承粪板就是下层的笼顶。室外兔笼最上层要求厚一些，前伸后延更长一些，以防雨水侵入笼内或淋湿饲草。笼地板与承粪板之间应有 14～18 cm 的间隙，以利于打扫粪尿和通风透光。

7. 支架　移动式兔笼均需一定材料为支架。支架可用角铁（35 cm×35 cm）、竹棍、硬木制作，底层兔笼应离地 30 cm 左右。

（二）兔笼的形式

1. 活动式兔笼　目前室内养兔多采用此种兔笼。用木、竹或角铁做成架，四周用铁丝网、打眼铁皮或竹片做成。笼底板用竹板做成，承粪板用铁皮、塑料板或石棉瓦做成。图 3-18 至图 3-22 为目前兔舍中常用的兔笼形式。

图 3-18　双联单层活动式

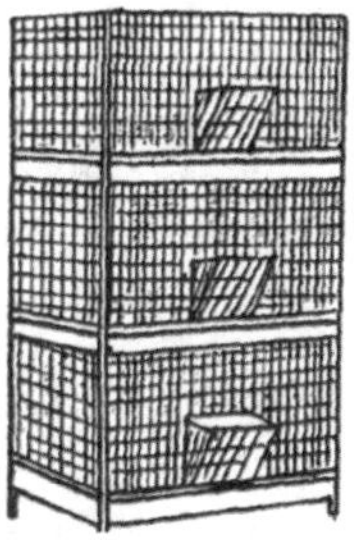

图 3-19　重叠式

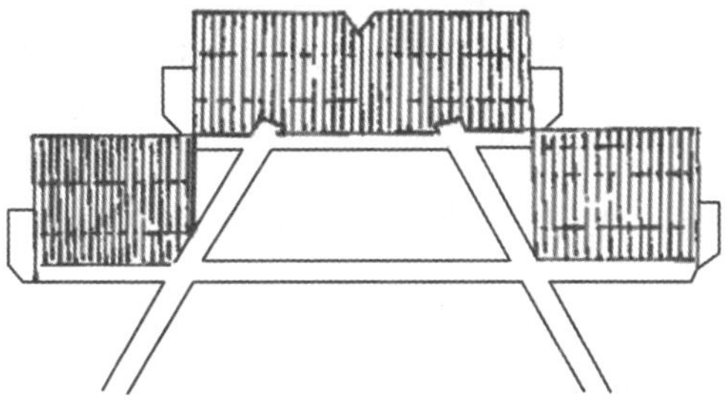

图 3-20　双层全阶梯兔笼

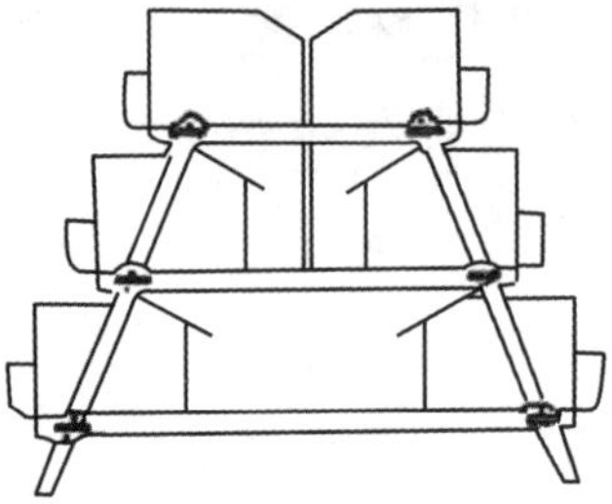

图 3-21　三层半阶梯兔笼

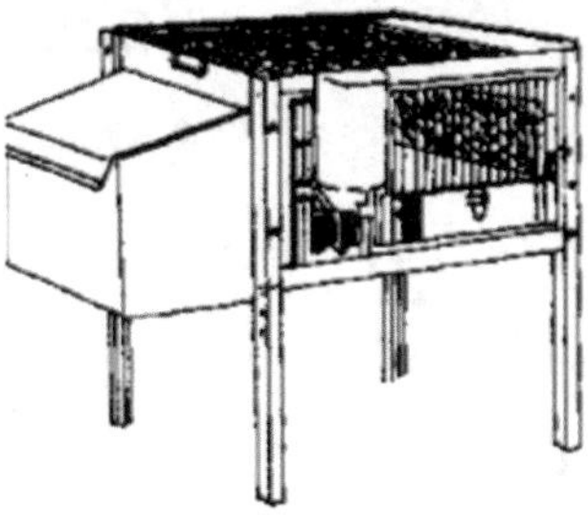

图 3-22　活动式兔笼

2. 固定式三层兔笼　这是一种适于养兔户使用的兔笼，特点是投资小、空间利用率高。按放置位置不同可分为室内（图 3-23）和室外两种。

图 3-23　室内固定式三层兔笼

（1）室内固定式三层兔笼　兔笼的前后面为门或窗，通风透光性好，草架、食盆可安装在笼门上，笼底板可抽出、装入，笼壁由单砖或水泥板砌成。

（2）室外固定式三层兔笼　门、窗比室内固定式兔笼小些，在两笼之间的墙壁上安装镶嵌式草架，供两侧家兔采食。两笼之间设两个半间产仔室，供母兔产仔、哺乳。

（三）兔笼的安装

1. 平台式　一层笼放在离地面 30 cm 左右垫物上，或放在离粪沟 70 cm 高的架子上。这种方式便于管理，利于通风和光照。缺点是饲养密度低，不能有效利用空间。目前欧洲多数兔场采取这种方式。

2. 阶梯式　将兔笼放置在互不重叠的几个水平面上（图 3-24）。优点是通风良好，饲养密度略高于平台式；缺点是上层笼操作不便，且笼的深度不能超过 60 cm。

图 3-24　阶梯式兔笼

3. 组合式　兔笼重叠地放在一个垂直面上，可以叠放 2～3 层。根据多列重叠兔笼的放置方向不同，可分为面对面式和背靠背式。实践证明，面对面式饲养效果较好。

【注意事项】

（1）兔舍设计要有利于提高劳动生产效率。兔舍既是家兔的生活环境，又是饲养人员对家兔日常管理和操作的工作环境。兔舍设计不合理，一方面会加大饲养人员的劳动强度，另一方面也会影响饲养人员的工作情绪，最终会影响劳动生产效率。因此，兔舍设计与建筑要便于饲养人员的日常管理和操作，这一点非常重要。假如将多层式兔笼设计得过高或层数过多，对饲养人员来说，顶层操作肯定比较困难，既费时间，又给日常观察兔群状况带来不便，势必影响工作效率和质量。

（2）兔舍设计应符合家兔的生物学特性，有利于控制温度、湿度、光照及通风换气等，便于卫生防疫和管理。兔舍窗户的采光面积为地面面积的15%，阳光的入射角度不低于25°～30°。兔舍门要求结实、保温、防兽害，门的大小以方便饲料车和清粪车为宜。兔舍形式、结构、内部布置必须符合不同类型和不同用途家兔的饲养管理和卫生防疫要求，也必须与不同的地理条件相适应。

（3）兔舍的各部分建筑应符合建筑学的一般要求。比如，建筑材料，特别是兔笼材料要坚固耐用，防止被兔啃咬损坏；兔舍内要设置排水系统；排粪沟要有一定坡度，以便在打扫和用水冲时能将粪尿顺利排出舍外，通往蓄粪池，也便于尿液随时排舍外，降低舍内湿度和有害气体浓度；舍顶下应设天花板，选用融性好的材料；地板要坚固致密，平坦不滑，抗机械能力强，耐侵蚀，易清扫，保温防寒；生产中以水泥地面最多，要求地面高出舍外地平面20～30 cm。

（4）家兔胆小怕惊，抗兽害能力差，怕热，怕潮湿。因此，在建筑上要有相应的防雨、防潮、防暑降温、防兽害及防寒等措施。

（5）为了防疫和消毒，兔场兔舍入口处应设置消毒池或消毒盘，并且要方便更换消毒液。

三、养兔设备及用具

1. 饲喂设备　饲料槽是饲喂家兔的器具，形式多样，常见的有以下几种：

（1）大肚饲槽　以水泥或陶瓷制作，其特点是口小中间大，呈大肚状，故而得名，其优点是可防止扒食和翻槽，缺点是只能放在笼子里面，占用笼底面积，而且加料麻烦，需开门后方可加料。适用于小规模家庭兔场。

（2）翻转式　翻板作半圆柱状，以两端的轴固定在笼门上，并可呈一定角度内外翻转。外翻时，可从笼外加料；内翻时，兔可采食。为了防止兔子扒食，口的内沿往里卷 0.5～1 cm（图 3-25、图 3-26）。

图 3-25　翻转式饲喂槽（1）

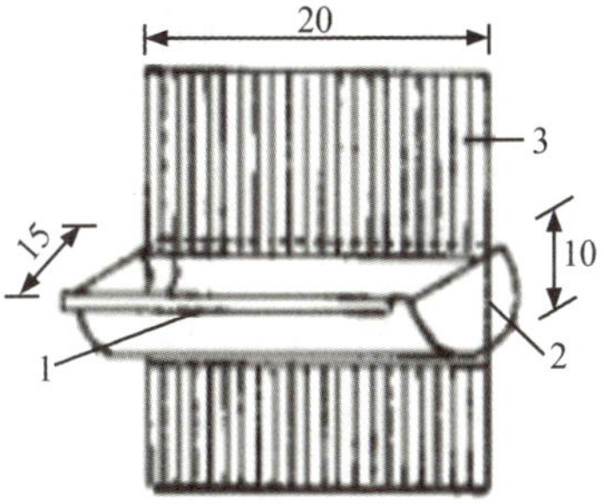

图 3-26　翻转式饲喂槽（2）

（3）柄饲槽　柄饲槽板呈一个“J”字形弯曲，弯曲的下部呈半圆形，然后以半圆形木片或铁片将两端堵封成槽。在笼门的一定位置留出大于饲槽的方形口，将饲槽的下端放入口的下部。在饲槽的中下部安装一个转轴并将两端固定。由于饲槽的盛料部分在下部，靠重力作用饲槽自然下垂，兔可自由采食。当需要加料时，可在笼外按压长柄，露出料斗，可将饲料加入料槽里面。本饲槽制作简便，操作方便，具有较强的使用价值。

（4）群饲槽　以水泥、木板、铁皮等制作，也可将直径 10～15 cm 的竹竿劈半或劈去 1/3～2/5，两端用木板和铁板钉堵。该饲槽可根据兔笼大小及兔子的多少确定长短。由于饲槽容易被兔子蹬翻，应在槽的两端设置固定的支腿。为防止小兔往饲槽里排泄，可在槽的口部增设采食口。为了防止兔子将槽口边缘咬坏，可沿槽边镶上耐啃沿（多用镀锌铁片）。

（5）自动饲槽　又称自动喂食器，兼具饲、贮作用。一般悬挂于笼门上，笼外加料，笼内采食。该饲槽由加料口、贮料仓、采食槽和隔板组成。隔板将贮料仓和采食槽隔开，仅在底部留 2 cm 左右的间隙，使饲料随着兔的不断采食而由贮料仓通过间隙不断补充。为了防止兔子在采食时饲料粉尘刺激兔的呼吸道，在饲槽的底部均匀地钻些小孔。也有的饲槽底部安装金属网片，以保证粉尘随时漏掉。自动饲槽按制作原料分金属料槽和塑料料槽，可为模压一次成型或由各单片组装而成。按照饲槽的大小种类，分为个体饲槽、母仔饲槽和育肥饲槽等。

2. 草架　草架（图 3-27）是盛放粗饲料和青饲料供兔采食的用具，它可避免饲草受到污染，保持饲料的清洁和新鲜，减少饲料浪费。对于预防消化道疾病有较好效果。我国养兔以农村家庭为主，青饲料是主要的营养来源之一，因此，草架的作用是不可低估的。草架多设在笼门的外侧或设在两笼之间的中上部，呈“V”字形，由铁丝、铁棍、竹条或废铁皮制作，兔子可通过丝条间隙采食。为了防止饲草通过草架的外侧缝隙落到地面，草架的外面可做得密一些或用木板、铁板等制作。草架分固定式、移动式和翻转式等。

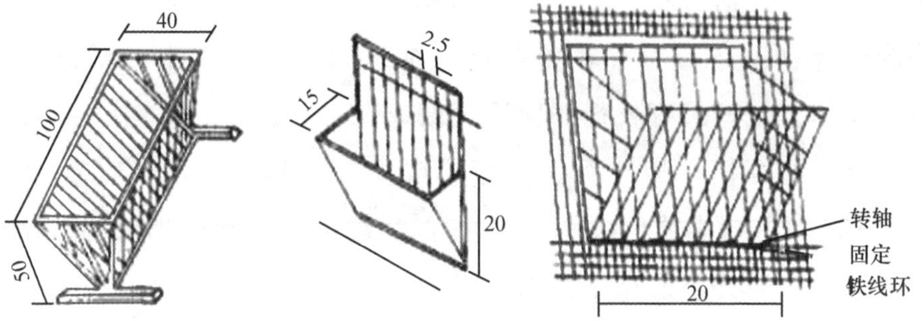

图 3-27　草架

3. 饮水设备　水是家兔最重要的营养之一，兔子需水量很大，能否保证水的供应和水的质量对于家兔的生长发育及健康有重大影响。饮水器是不可忽视的。小规模兔场多用瓶、盆、罐或盒等容器作为兔子的饮水器。其取材方便，投资小，但这些容器容易受到污染，也易被弄翻，不仅影响水的饮用，而且还造成兔舍潮湿。目前较先进的饮水器为自动饮水器，有适用于小规模兔场的瓶式自动饮水器和规模化兔场的乳头式自动饮水器（图 3-28）。

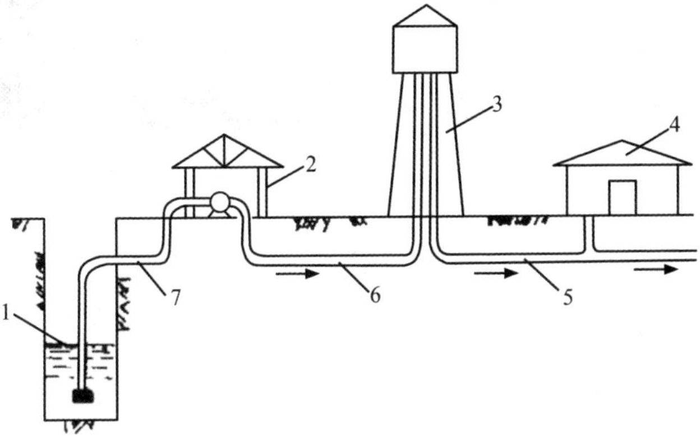

图 3-28　饮水设备

1. 水源　2. 水泵　3. 水塔　4. 兔舍或其他房舍　5. 配水管路　6. 扬水管　7. 吸水管

（1）瓶式自动饮水器　该饮水器是将一广口瓶倒扣在特制的饮水器底座上，底座有一饮水槽（图 3-29），瓶口离槽底 1～1.5 cm。当瓶子装满水而倒扣在底座时，饮水槽内的水位与瓶口大致保持在同一水平线上，当水被饮用后，由于大气作用，瓶内水即自动外流。这种饮水器的缺点是容水量少，每天需要装卸瓶子和换水，劳动量较大。

（2）弯管式自动饮水器　饮水器（图 3-30）是一个装有金属玻璃细管的瓶子。将瓶子悬吊于笼门的外侧，弯管伸入笼内。当兔子饮水时，触及弯头端部的水滴，破坏了水滴的表面张力，水便从弯管中流出。弯管固定在瓶盖上，当水饮完后，拧掉瓶盖，灌入新水即可。这种饮水器较瓶式饮水器更卫生，水不容易被污染，在我国一些小型和中型兔场多见。其缺点同样是灌水麻烦，劳动效率低下。

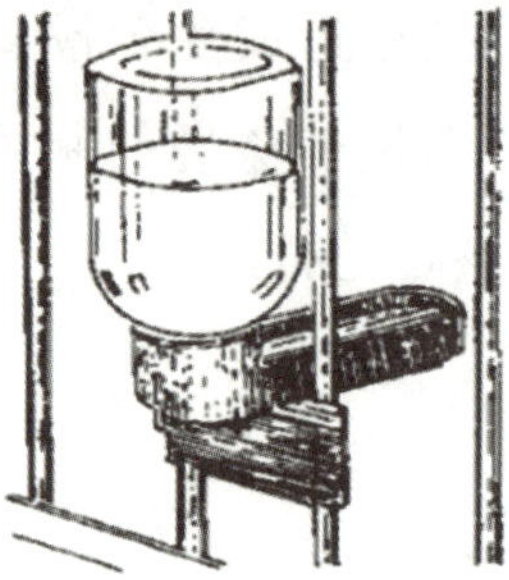

图 3-29　瓶式自动饮水器

图 3-30　弯管式自动饮水器

（3）乳头式自动饮水器　是由外壳、伸出壳外的阀杆、装在阀杆上的弹簧和密封圈等组成。平时阀杆在弹簧的弹力下与密封圈紧密接触，水不能流出。当兔子饮水时，触动了阀杆，阀杆回缩并推动弹簧，使阀杆与密封圈之间产生间隙。水从间隙流出，兔便可饮到水。当兔子停止触动阀杆时，在弹簧的弹力下，阀杆恢复原状，水停止外流。（图 3-31、图 3-32）。

图 3-31　乳头式自动饮水器（1）

图 3-32　乳头式自动饮水器（2）

4. 产仔箱　产仔箱是人工模拟洞穴环境、供母兔产仔育仔的设施。产仔箱的大小、形状、制作材料、产仔箱内的垫草及产箱的摆放位置等都对仔兔成活率及发育有较大影响。制作产仔箱应注意选择材料，要求结实，导热性小，耐啃咬，易清洗消毒等；产仔箱的高度既要控制仔兔在自然出巢前不致爬出，又便于母兔入巢育仔。一般产仔箱的入口处低一些，以 12 cm 左右为宜；产仔箱的大小一定要严格控制，过大和过小都不好。一般要求箱长相当于母兔体长的 70%～80%，箱宽相当于母兔胸宽的 2 倍；产仔箱表面要求平滑，无钉头和毛刺。入口处呈半圆形、月牙形或“V”字形，以便母兔出入。入口处尽量与仔兔集中处分开，以防母兔入巢时踩伤仔兔；产仔箱应尽量模拟自然洞穴环境，创造一个光线暗淡、安静、防风寒、保温暖、无干扰和有一定透气性的环境；产仔箱内的垫草要柔软、干燥、保温性强和吸湿性好，无异味。垫草要整理成四周高、中间低的锅底状，以便于仔兔集中。

常见的产仔箱有平口产仔箱（图 3-33）、月牙缺口产仔箱、斜口产仔箱、电热产仔箱、悬挂式产仔箱、下悬挂式产仔箱（图 3-34）等。

图 3-33 平口产仔箱

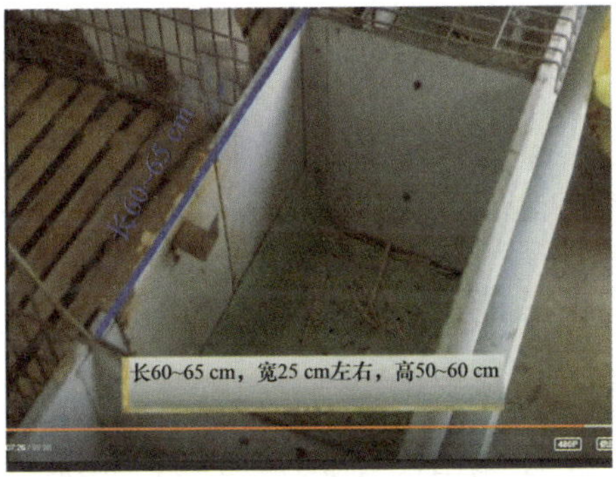

图 3-34 下悬挂式产仔箱

【注意事项】

（1）产仔箱选材应坚固，导热性小。

（2）产仔箱要有一定高度，以 30～35 cm 为宜，一般入口处以高 10～12 cm 为宜。

（3）产仔箱应尽量模拟洞穴，多建成封闭状态，上设活动盖，只留母兔出入孔。

（4）产仔箱大小要合适，表面要平滑，无钉头和毛刺，保温性好，无异味。

任务二　兔舍环境调控

兔舍环境条件（如温度、湿度、有害气体、光照、噪声等）是影响家兔生产性能和健康水平的重要因素之一。对兔舍环境因素进行人为调控，创造适合家兔生长、繁殖的良好环境条件，是提高家兔养殖效益的重要手段之一。

一、兔舍温度

（一）温度对家兔生长发育的影响

家兔属于恒温动物，正常体温一般是 38.5～39.5 ℃。环境临界温度为 5～30 ℃。外界气温高于或低于临界温度，均会使家兔的生产性能下降。因此，为保持家兔最佳的生产性能，调节兔舍温度是十分重要的。

仔兔怕冷，成兔怕热。家兔被毛密度大，汗腺很少，仅分布于唇的周围。家兔是依靠呼吸散热的动物。长期高温对家兔的健康是有害的，特别容易发生中暑。在高温季节要注意防暑降温。实践证明，当外界温度在 32 ℃以上时，家兔的生长发育和繁殖率显著下降。如果兔长期在 35 ℃或更高温度条件下，则会引起死亡。相反，在防雨、防风的条件下成年兔能够忍受 0 ℃以下的温度。可见成年兔耐冷不耐热。仔兔怕冷，初生仔兔全身无毛，体温调节机能很差，体温不恒定。生后第 10 天，体温才趋于恒定；30 d 后被毛基本形成，对外界环境才有一定的适应能力。因此，生产实践中，仔兔需有较高的环境温度，以防被冻死。因此在不同生理阶段的家兔要求的环境温度不同，初生仔兔需要较高的温度，最适温度为 30～32 ℃。成年兔不耐高温，适宜温度为 15～20 ℃。一般适合家兔生长和繁殖的温度是 15～25 ℃，在兔舍建造过程中要充分考虑到家兔的生理特性。

（二）兔舍温度的调控

对家兔而言，环境温度过高或过低时，家兔会通过机体物理和化学方法调节体温，消耗大量营养物质，从而降低生产性能。生长兔表现为生长速度下降，料重比升高。高温可以导致兔群“夏季不孕”、皮毛质量下降甚至中暑。低温时兔群易患呼吸道和消化道疾病。

1. 兔舍人工增温措施

①修建兔舍前应根据当地气候特点，选择开放、半开放或全封闭式室内笼养兔舍，同时注意兔舍保温隔热材料的选择；

②集中供热。可采取锅炉或空气预热装置等集中产热，再通过管道将热水、蒸汽或热空气送往兔舍，有挂式暖气片和地暖等形式；

③局部供热。在兔舍单独安装供热设备，如火炉、火墙、电热器、保温伞、散热板、红外线灯等，也有将电褥子垫放在产箱下进行增温的。使用火炉时要注意防止煤气中毒；

④适当提高舍内饲养密度也可提高舍温；

⑤设产房。有的兔场设立单独的供暖产房和育仔间等，这是搞好冬繁工作经济有效的方式之一。农村还可修建塑料大棚兔舍，以减少寒冷季节取暖费用。

2. 兔舍散热和降温措施

①修建保温隔热兔舍；

②兔舍前种植树木、攀缘植物，搭建遮阳网，窗外设挡阳板、挂窗帘，减少阳光对兔舍的照射；

③安装通风设备，加大通风量；

④安装水帘，降低兔舍温度；

⑤安装空调。

二、兔舍湿度

（一）湿度对家兔生长发育的影响

兔舍适宜的相对湿度为60%～65%，不低于55%或不高于70%，湿度往往伴随着温度的高低，高温高湿会影响家兔的散热，易引起中暑；也可导致料盒内饲料发霉变质。低温高湿会增加散热，使家兔产生冷感，特别对仔、幼兔影响更大。温度适宜而潮湿，有利于细菌、寄生虫活动，可引起兔疥癣、球虫病、湿疹等。低温高湿的环境，兔舍空气的导热性加强，兔体散热加快，即越湿越冷，对仔兔和幼兔的应激较大，同时家兔易患感冒和呼吸道疾病。高温低湿的环境，兔舍空中尘埃浓度增加，对兔的呼吸道刺激较大，易诱发呼吸道疾病。

（二）兔舍湿度的调控

（1）加强通风；

（2）降低舍内饲养密度；

（3）增加粪尿清除次数，排粪沟撒一些吸附剂如石灰、草木灰等；

（4）冬季舍内供暖；

（5）漏水的饮水器及时进行修理或更换。

三、兔舍光照

（一）光照对家兔生长发育的影响

光照对家兔有很大的影响。光照可以促进兔体新陈代谢，增强食欲，使红细胞和血红蛋白含量增加；促进皮肤合成维生素D，调节钙磷代谢，促进生长。同时光照有助于家兔生殖系统的发育，促进性成熟。繁殖母兔兔舍内每天光照14～16 h，每平方米光照不低于4 W，有利于繁殖母兔正常发情、妊娠和分娩。增加光照强度和时间，可明显提高母兔的受胎率和仔兔的成活率。由于光照有助于性腺的发育，促进家兔性成熟。性机能亢进影响其采食和生长，因此，以弱光育肥能获得理想的效果，育肥兔以每天光照8 h为宜。光照可刺激皮肤新陈代谢，有助于被毛的生长。据研究，毛兔适宜的光照时间为每天15 h。

（二）兔舍光照的调控

普通兔舍多依靠门窗供光，光照不足时用白炽灯，LED灯或日光灯来补充，但以白炽灯供光为好。舍内灯光的布局要合理。灯的高度一般为2.0～2.4 m，行距大约3 m。为使舍内的照度比较均匀，应当降低每个灯的瓦数，而增加舍内总的装灯数。使用瓶形或伞式灯罩可使光照强度增加50%。要经常对灯泡等进行擦拭。

四、兔舍通风

通风是调节兔舍温、湿度的好方法。通风还可排除兔舍内的污浊气体、灰尘和过多的水气，能有效地降低呼吸道疾病的发病率。长毛兔排出的粪尿及污染的垫草，在一定温度条件下可分解散发出氨、硫化氢、二氧化碳等有害气体。兔是敏感性很强的动物，对有害气体的耐受量比其他动物低，当兔处于高浓度的有害气体环境条件下，极易引起呼吸道疾病，加剧巴氏杆菌病、传染性感冒等的蔓延。

通风方式，一般可分为自然通风和机械通风2种。小型兔场常用自然通风方式，利用门窗的空气对流或屋顶的排气孔和进气孔进行调节。大中型兔场常采用抽气式或送气式的机械通风，这种方式多用于炎热的夏季，是自然通风的辅助形式。兔舍内的适宜风速，夏季为 0.4 m/s，冬季为 0.1～0.2 m/s。应强调的是兔舍内应严防贼风的侵袭。降低兔舍内有害气体的浓度，还可通过勤打扫、勤冲洗，加强通风换气来保持兔舍空气新鲜。

五、兔舍其他环境

1. 饲养密度　由于兔舍饲养密度较大、通风不良、兔粪尿清理不及时会造成兔舍内氨气、二氧化碳、甲烷、硫化氢及一氧化碳浓度超标。一是这些有害气体刺激呼吸道黏膜，诱发呼吸道疾病，刺激眼部黏膜，诱发结膜炎；二是造成空气中氧气浓度降低，诱发家兔代谢紊乱，继发代谢性疾病和细菌性疾病。因此，降低饲养密度，加强兔舍通风，及时清理兔粪尿，是控制有害气体超标的有效措施，尤其在冬季一定要做好兔舍的通风和保温工作，两者兼顾。

2. 噪声　噪声对家兔的听觉器官、中枢神经系统会造成病理性的变化和损伤，生长兔发育缓慢，兔群患病率和死亡率增加，妊娠母兔流产和死胚，哺乳母兔拒绝哺乳仔兔。因此，建兔舍时一定要避开噪声区，在平时的管理中，一定要保持兔舍内安静，要避免猫犬的惊扰，禁止非工作人员的进入。

3. 灰尘　兔舍灰尘包括空气中的尘埃、饲料饲草粉尘、被毛和皮肤的碎屑等，除直接刺激呼吸道，诱发呼吸道疾病外，还是许多病原体的载体，是家兔许多疾病的诱发因素。因此，加强兔舍通风，减少人为操作造成的饲料饲草粉尘，加强兔舍卫生常规管理和经常性消毒制度管理，是控制兔舍灰尘超标的有效方法。

兔场产生的大量兔粪如不及时处理会对环境造成一定的污染，

兔粪是一种高效的有机肥，最简易的方法是将其堆积发酵、腐熟，用于农田施肥。兔粪还可用来生产沼气，是大中型养兔场环境保护的一个切实可行的办法。生产的沼气可以用作燃料，每 10 kg 的新鲜兔粪尿，可生产 1 m^3 的沼气，生产沼气的废液又是优质的有机肥。平时注重沼气池的日常安全管理，要保证沼气池不漏气、不漏水，将进料、出料、用气的管理常规化和制度化。

六、兔场环境卫生

兔场环境卫生的内容是指影响家兔生长、发育、繁殖和生产等的一切外界因素，包括自然因素和社会因素。自然因素有温度、湿度、水质、光照、通风、海拔、土壤等；社会因素有周围环境的噪声、空气质量、病原微生物的污染等都直接或间接影响家兔的生长，因此兔场选址尤为重要。由于家兔驯化较晚，个体小，各种感觉器官非常敏感，对外界环境变化所产生的应激反应大，所以环境条件对家兔产生的影响很大。高、低温的应激会使兔表现繁殖障碍，高湿应激会诱发传染病的发生，噪声会引起家兔的代谢紊乱、繁殖障碍。而影响家兔的环境因素往往又不是单一的，对家兔造成的危害作用又是叠加的，因此了解和掌握影响家兔生产的各种环境卫生因素，可以有针对性地加以控制，尽可能地减小这些因素对家兔生产的影响，创造一个符合家兔生物学习性的理想环境，以提高家兔生产的经济效益。

（一）隔离

隔离是控制家兔病原环境的常用方法，是将患病兔和疑似病患兔与健康兔群隔绝开来，利于进行单独饲养、治疗及防疫的方法。这也是控制传染病重要而常用的措施，其意义在于严格控制传染源，有效地防止传染病的蔓延。在发生传染病时，要立即检查本场的所有家兔，将家兔分为不同的类群，做不同的处理。

1. 假定健康兔　无任何临床症状，对此类兔在做好紧急预防接种的同时，彻底清理场地卫生，严格消毒，专人饲养，及时观察，并将可疑病兔隔离出去。

2. 疑似病兔　与病兔及其污染的环境有过密切的接触，但没有临床症状，有可能处在传染病的潜伏期，对此类兔必须迅速将其隔离出去，对其所占的笼位、用具及排泄物彻底消毒，并单人饲养、紧急接种和投药治疗，密切观察，对有临床症状的兔及时隔离出去。

3. 病兔　在彻底消毒的情况下，将有临床症状的兔隔离在远离健康兔群的地方，专人饲养，加强护理和积极治疗，对隔离场所每日消毒2次，对其排泄物进行无害化处理，如少数患病兔，为节省人力、物力应及时扑杀。

（二）灭鼠与杀虫

由于鼠类是家兔许多传染病病原体的携带者和传播者，灭鼠工作显得尤为重要。灭鼠首先应从兔舍的建筑和环境卫生入手，消除鼠类藏身和活动的环境，积极采取各种方法直接灭鼠。蚊、蝇、蜱等吸血昆虫会侵袭家兔并传播疾病，因此，在家兔生产中，要采取有效的措施防止和消灭这些昆虫，安装纱门和纱窗，铲除周边杂草，整理周边污水污物，周边环境喷洒一些对人和兔没有危害的杀虫剂。

（三）病死兔的处理

科学及时地处理传染病兔的尸体，对防止交叉传染病的发生、有效避免环境污染和维护公共卫生意义重大。其处理方法有焚烧法和深埋法。焚烧法是一种传统的可靠的杀灭病原菌的方法，但容易污染空气；深埋法是一种简单的处理方法，但可能污染地下水。

（四）环境的消毒

消毒是兔场综合性防治措施的重要环节，是消灭家兔生活环境中的病原菌和切断传染途径的有效手段，养兔场必须制定切实可行的常规消毒制度和应急消毒制度。

（五）环境的绿化

绿化具有调节兔场环境小气候的作用，特别是阔叶类的树，夏天能吸热遮阳，冬天能挡寒避风，同时可以起到净化空气、减少疫病和美化环境的作用。

【注意事项】

在兔舍环境条件进行调控时，环境条件的好坏取决于兔舍建筑、养殖工艺和环境调控措施等相互配套，是一项系统工程，应整体考虑，不是几样东西的拼凑！

【专家提示】

1. 市场上有专门化兔笼生产厂家，兔笼价位相对较低，品种规格齐全，为冷拔丝网编结构。

2. 毛用兔养殖用笼多为立体多层、水泥板结构，很少有专门生产的厂家，且运输成本较高，自己生产价位较低，先根据兔笼的尺寸做水泥预制板，然后再造组合体。

3. 大型兔和长毛兔多采用竹片制作笼底板，一笼一底板，方便拆卸。

4. 种兔舍的面积应为立体多层兔笼面积的 4 倍，其他兔舍的面积应为立体多层兔笼面积的 3 倍。根据养兔的规模，确定养兔用笼多少，然后可确定兔舍的建筑面积。

项目四

兔群的繁殖技术

任务一　家兔的生理生殖和繁殖特点

一、家兔的生殖生理

1. 精子和卵子　精子是由公兔睾丸中的精原细胞，在其周围营养细胞的滋养下，经过一系列连续的分裂、增殖和发育等不同阶段的复杂生理变化形成精细胞，然后附着在营养细胞上，经过变态期形成。精子随着曲细精管的收缩和蠕动，到达并贮藏在附睾中。一般而言，公兔4～6个月达到性成熟，当公兔交配射精时，精子通过输精管和副性腺的分泌物混合成精液而排出体外。每次排出的精液量平均为1 mL，变动范围为0.4～1.5 mL，多者可达2 mL。每毫升精液中含有0.7亿～2亿精子。兔的精子是一个特殊细胞，形状似蝌蚪，全长为33.5～62.5 pm，分头、颈、尾3部分。母兔卵巢中的卵原细胞经过大量增殖形成卵母细胞。卵母细胞与其周围的细胞形成卵泡。卵泡细胞为卵母细胞提供养分。卵泡经过原始卵泡、初级卵泡、次级卵泡、生长卵泡和成熟卵泡等连续发育阶段达到成熟，称成熟卵泡。成熟卵泡内含发育成熟的卵子。成熟卵泡破裂，卵子从卵泡中释放出来的过程称排卵。兔子在一次发情期间，两侧卵巢所产生的卵子数18～20个。在每个发情期所排出的卵子数一般来说是比较恒定的。

2. 受精过程　受精是精子、卵子两性生殖细胞经过复杂的生理、生化等变化过程之后，两者结合成一个与原来性生殖细胞完全不同的新的生命细胞合子的过程。家兔配种后，精子到达输卵管上1/3处与由卵巢中排出的具有受精能力的卵子相遇，精细胞的细胞核形成雄原核，卵子的细胞核形成雌原核。2个原核结合形成合子。合子形成后，立即进行分裂，在输卵管中得到一定的发育后，形成胚胎，胚胎沿着输卵管移行到子宫，然后在子宫壁着床，共同形成胎盘。胎盘是连接母体和胚胎的纽带，胚胎通过胎盘进行新陈代谢，这种方式一直维持到胎儿的娩出。

二、家兔的繁殖特点

1. 繁殖力强　表现为每胎产仔多，每胎产仔6～8只，年产胎数多，在良好的饲养管理条件下，母兔一年可产6～8胎；孕期短，一般孕期为30 d左右，哺乳期28～35 d。

2. 家兔属于刺激性排卵动物　健康母兔的卵巢内经常有许多处于不同发育阶段的卵泡，只有在交配刺激的诱导之后，方可将成熟的卵泡排出，实践表明，母兔一般经交配刺激后10～12 h排卵。因此，家兔发情周期不明显，或者说家兔没有明显的发情期。

3. 不处于发情期的母兔与性欲旺盛的公兔接触常常可以接受交配并能受胎　在生产实践中，有时可以采取强制交配的方法，使母兔受孕，并正常产仔。养兔户可以根据这种特性将配种安排在清晨或傍晚，可有效提高受孕率。

4. 家兔的假妊娠现象　多因母兔间相互爬跨，或与公兔的无效交配，输卵管或子宫的慢性炎症，可造成假怀孕现象，时间延续16～17 d。在此期间，假孕母兔与怀孕兔的表现一样，不接受公兔交配，乳腺有一定程度发育。

5. 家兔是双子宫动物　母兔的子宫是原始的双子宫型，而且阴道较长，在自然交配情况下，公兔在母兔阴道内射精，两侧子宫都可受孕。但在人工输精时，若输精管插得过深，可能插入一侧子宫颈口内，导致一侧子宫受孕、另一侧子宫不受孕的现象。

6. 早晚性活动旺盛　家兔的性活动有一定规律性，通常在日出、日落前后1～2 h性活动最强，这时配种受胎率也高。具体表现是：母兔活跃不安、跺足，用下颌摩擦餐具，外生殖器略有肿胀、潮红，爬跨和接受爬跨等行为。

任务二　家兔生产性能的评定

一、产毛性能的评定

1. 产毛量　年产毛量和单次产毛量。

2. 产毛率　指单位体重的产毛能力，用来说明产毛与体重的关系。

3. 兔毛品质

长度　自然长度、伸直长度。

粗毛率　1 cm^2 皮肤面积上粗毛量占总毛量的百分比。

结块率　指一次剪毛中缠结毛的质量占总毛质量的百分比。

4. 饲料消耗比　每生产1 kg兔毛所消耗的饲料量。

5. 优质毛率　某个体所剪下的毛中特级毛（长度大于 5.7 cm）和一级毛（长度大于 4.7 cm）所占的百分比。

二、肥育性能的评定

1. 生长速度可以用 2 种方法表示

（1）平均日增重　通常用断奶到屠宰期间的平均日增重（g/d）表示。大型兔的生长速度是指 6～13 周的平均日增重，中小型兔的生长速度是指 4～10 周的平均日增重。

（2）累积生长　通常用屠宰时活重表示，肉用兔多采用这种方法，但需注明屠宰日龄。

2. 饲料消耗比　是指从断奶到屠宰前期间每增加 1 kg 体重需要消耗的饲料数，具有饲养成本的含义。

3. 胴体重　有全净膛重和半净膛重 2 种形式。

4. 屠宰率　胴体重占屠宰前活重的百分率。宰前活重是指宰前停食 12 h 以上的活重。良好的肉用兔屠宰率在 55％以上，胴体净肉率 82％以上，脂肪含量低于 3％，后腿比例约占胴体的 1/3。

三、繁殖性能的评定

1. 受胎率　指母兔在一个发情期中配种受胎的百分率，即一个发情期配种受胎母兔数占参加配种母兔数的百分率。一般来说，一个兔场母兔的受胎率应在 75％以上。

2. 产仔数　包括总产仔数和产活仔数，总产仔数是指母兔的实际产仔数，包括死仔、畸形胎儿等，它在一定程度上体现了母兔产仔的潜在能力。

3. 断奶仔兔数和仔兔成活率　断奶仔兔数是指断奶时存活的仔

兔数，包括替其他母兔带养的仔兔数，但不包括寄养的仔兔数。仔兔成活率是指断奶时仔兔数占开始喂奶时仔兔数的百分率。

四、产皮性能的评定

1. 皮张面积　是指颈部中央至尾根的直线长与腰部中间宽度的乘积，用 m^2 或 cm^2 表示。在獭兔皮的商业分级标准中，要求甲级皮的全皮面积在 1 100 cm^2 以上，乙级皮全皮面积在 935 cm^2 以上，丙级皮全皮面积须在 770 cm^2 以上。要达到甲级皮的规格，獭兔活重需达到 2.75～3.0 kg。

2. 被毛密度　是指每平方厘米皮肤面积内的毛纤维根数，与毛皮的保暖性能有很大关系。

任务三　家兔繁殖技术

一、初配年龄的确定

指家兔性成熟以后，身体的各个器官基本发育完备，体重达到一定水平，适宜配种繁殖后代的年龄。种兔的初配月龄见表 4-1。也可按达到该品种（系）成年体重的 70％～75％时开始初配。初配年龄过大，母兔有难产的危险。目前商品肉兔母兔初配年龄有提早的趋势。

表 4-1　不同类型兔初配年龄和体重

类型		性别	月龄	体重
肉用兔	小型兔		4～5	成年体重的 75%
	中型兔		5～6	成年体重的 75%
	大型兔		6～7	成年体重的 75%
獭兔		母兔	5～6	2.75 kg
		公兔	7～8	3.0 kg
长毛兔		母兔	7～8	2.5～3.0 kg
		公兔	8～9	3.0～3.5 kg

二、兔群公母比例的确定

一般根据生产目的、配种方法和兔群大小而定。商品兔生产采用本交时公母比例为 1∶（8～10），人工授精时公母比例为 1∶（50～100）。生产种兔的群体为 1∶（5～6）。一般群体越小，公兔的比例应越大，同时要注意公兔应有足够数量的血统。

三、利用年限

家兔的繁殖能力与年龄有关，一般情况下 1～2.5 岁繁殖能力最强，在生产中，一般将利用年限控制在 3 年以内，延长种兔的使用年限在经济上是不合算的，在采取频密繁殖技术的兔场，种兔的利用年限大多在 2 年以内。

四、母兔的发情鉴定

1. 发情　性成熟之后的母兔，卵巢中的卵泡相继发育，每隔一定时间就有一批成熟的卵泡形成，成熟卵泡内含有大量的雌激素，反射性地作用于兔的大脑性活动中枢，引起母兔生殖器官、行为等变化，称为发情。

2. 发情表现　母兔在发情时，主要表现是活跃、兴奋不安、食欲减退，常在饲槽或其他用具上摩擦下颌，俗称“闹圈”（图4-1）。性欲旺盛的母兔主动向公兔调情、爬跨，甚至爬跨自己生的仔兔或其他母兔。当公兔追逐爬跨时，伸长体躯，并抬高臀部，以迎合公兔的交配动作，愿意接受交配。阴门及外生殖器官的可视黏膜呈现潮红色。根据母兔阴门颜色变化规律，生动地将配种时机确定为“粉红早、紫红迟、大红正当时”。上述发情表现，一般持续3～4 d，叫发情持续期。

3. 发情周期　从这次发情结束到下次发情结束的时间称为一个发情周期。家兔属于交配刺激排卵的多胎动物。在性成熟的母兔卵巢内，经常有许多处于不同发育阶段的卵泡，但是成熟卵泡必须在公兔交配刺激后10～12 h才排卵，所以它的发情周期不像其他家畜那样明显。如果未对母兔进行交配刺激，这些成熟的卵泡在体内雌激素与孕激素的协同作用下，经7～10 d后逐渐萎缩、退化，并被周围组织所吸收，而新的卵泡又开始成熟，所以一般家兔的发情周期多为7～10 d，变动范围大。但一些学者认为，母兔不存在发情的周期性，因为母兔的卵巢上经常存在着处于不同发育阶段的卵泡，因此任何时候交配均有可能受孕。养兔实践中也充分证明这一观点，对不发情的、健康的空怀母兔，在光照、气温、环境适宜的情况下，将母兔放入公兔笼内1～2 d，大多数可接受配种，并且有较高的受孕率。

4. 人工催情　对不发情的母兔除改善饲养管理外，可采用激素、性诱等方法进行催情。

（1）激素催情　激素催情的药物采取静脉注射或肌内注射。

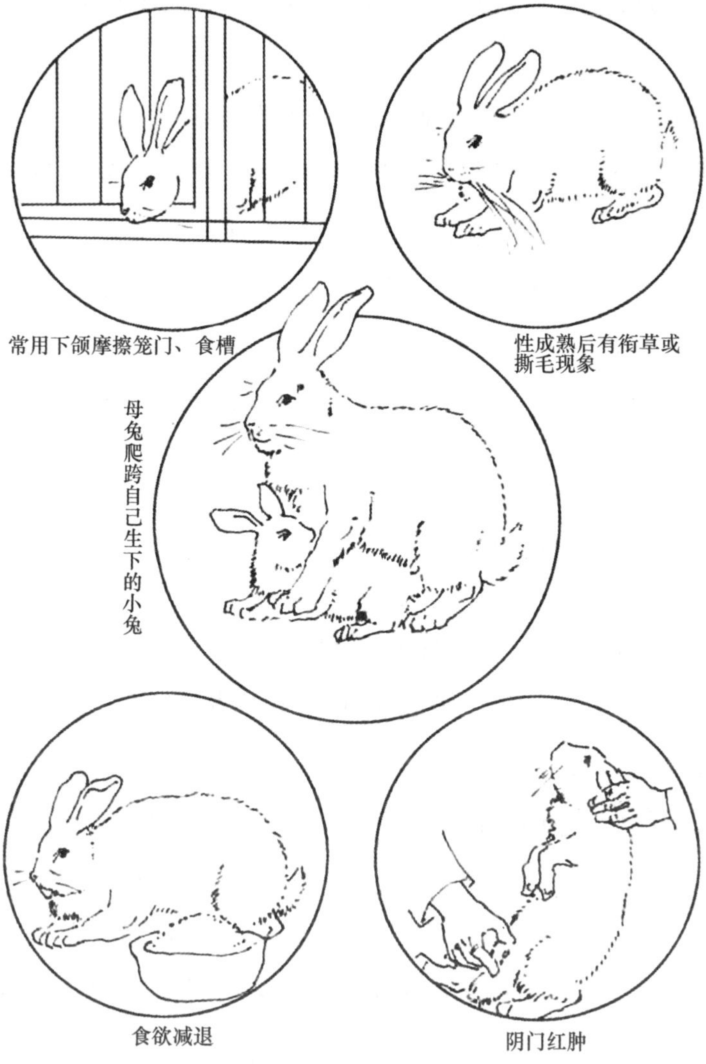

图 4-1　发情表现

①孕马血清促性腺激素，每只兔皮下注射 15～20 IU，60 h 后再于耳静脉注射 5 mg 促排卵 2 号或 50 IU 人绒毛膜促性腺激素，然后配种；

②促排卵 2 号，耳静脉注射 5～10 mg/只（视兔体重大小而定）；

③瑞塞脱，每只肌内注射 0.2 mg 后，立即配种，受胎率可达 72%。

（2）性诱催情　把不发情母兔和性欲旺盛的公兔关在一起 1～2 d。或将母兔放入公兔笼内，让公兔追逐、爬跨后放回母兔。每天 1 次，经 2～3 次后就可诱发母兔发情、排卵。

（3）剪毛催情　配种当天或前一天对长毛兔母兔进行剪毛，有明显的催情效果。

（4）食物催情　喂给母兔大麦芽、黄豆芽，也能促进母兔发情。

五、家兔配种时间

对于发情的母兔，配种应在喂料后 1～2 h 进行。一般在清晨、傍晚或夜间进行。母兔产仔后配种时间应根据产仔多少、母兔膘情、饲料营养、气候条件等而定。对于产仔数少、体况良好的母兔，可采取产后配种，即一般在产后 6～12 h 进行，受胎率较高。产仔数较少者，可采取产仔后第 14～16 天进行配种，哺乳期间采取母仔分离，让仔兔两次吃奶时间超过 24 h，这时配种发情率和受胎率较高。产仔数正常，可采取断奶后配种，一般在断奶当天或第 2 天进行配种。

六、人工辅助配种

种兔单笼饲养，在母兔发情期间，按照配种计划将其放在选定的公兔笼内进行配种，这种方法叫人工辅助交配，为我国大多数养兔场普遍采用。它与自然交配法相比，有以下优点：第一，能有计划地进行配种，避免近亲交配或乱配，以便保持生产品质优良的兔群。第二，有利于保持种公兔的性活动机能与合理安排配种次数，延长种兔的使用年限，从而提高家兔的繁殖力。第三，有利于保持种兔的身体健康，避免疾病的传播。人工辅助配种法需要一定经验的饲养管理人员对母兔进行发情鉴定，其技术措施如下：

（1）配种前对种兔的健康状况进行认真检查核实，凡患有各种疾病的兔，尤其是生殖道疾病，一律不能参加配种。对长途运输之后、病愈不久或刚接种疫苗的发情兔不能马上安排配种。

（2）不论何种家兔，要根据选种选配的要求编制配种计划，防止近亲交配，有计划地选用优良公兔。准备好各种登记表格，详细做好配种、产仔记录。

（3）毛用兔在配种前，要安排一次剪毛，以利配种和提高受胎率。

（4）配种活动必须在公兔笼内进行，以防因环境改变，造成公兔精神紧张，精力分散。笼内要搞好清洁卫生，笼底板不宜过宽，周围的环境要保持安静，以免影响配种效果。

（5）春秋两季配种应安排在日出和日落前后进行，冬季在中午，夏季在早晨和夜间，最好空腹时配种。

（6）检查母兔的发情状况。未发情母兔，外阴部苍白而干涩；发情母兔外阴部黏膜红肿、湿润，但以呈老红色或黑红色时交配效果较好。

（7）加强配种公母兔的营养。种兔以精饲料为补充的饲喂方法，一定要注意补喂蛋白质饲料和维生素丰富的青绿饲料；种兔以颗粒饲料为主的饲喂方法，可直接饲喂妊娠期饲料。

（8）配种时，双方先用嗅觉辨明对方的性别，然后公兔追逐母兔，并试伏母兔背上，或用前足揉弄母兔腰部，同时作交配动作。如果母兔正在发情，即抬高臀部举尾迎合。交配完成后，若母兔没有排尿的动作，即可将母兔送回原笼。

(9) 配种时，若公兔追逐母兔，而母兔逃避或匍匐在地，并用尾部夹紧外阴部，不接受交配，可采取人工辅助的方法。用左手抓住母兔耳朵和颈皮，右手伸向母兔腹下，举起臀部，以食指和中指夹住尾巴，露出外阴部，让公兔爬跨交配，仍可交配成功。实践中也有用牵线法来进行人工辅助，即用一根细绳拴住母兔的尾巴，将绳的游离端沿兔的背部到头的方向，轻轻上拉，露出外阴，用另一手托起后躯迎合公兔交配。

(10) 交配之后，应轻拍母兔的臀部，以防精液倒流，若母兔在配种后排尿，应予以补配。同时将初配日期、所用公兔品种、编号等及时登记在母兔配种卡上。为了确保母兔及时妊娠与产仔，在初配后 5 d 左右，再用上述方法进行复配一次。如果母兔拒绝交配，边逃边发出“咕咕”的叫声，说明母兔已经妊娠，应速将母兔送回原笼。如果母兔接受交配，则表明初配未孕，并将复配日期记入配种卡片上。

七、妊娠检查

1. *外部观察法*　母兔妊娠后，食欲增强，采食量增加。散养家兔做打洞准备，腹部逐渐增大。

2. *复配法*　在母兔配后 5～6 d 内，把母兔送到公兔笼（窝）里，若母兔已经妊娠，就会发出警惕性的“咕咕”叫声，或卧地不起，不让公兔接近，拒绝交配。

3. *摸胎法*　配种 1 周后进行，摸胎（图 4-2，图 4-3）是生产中常用的一种母兔妊娠诊断方法。左手握住母兔的耳朵和颈皮，将兔放在桌面或平地上，使兔头朝向术者胸部，右手作“八”字形伸向兔两后肢中间，从后向前轻轻沿骨盆腹壁两旁摸索。若整个腹部柔软如棉花状，则没有妊娠；若摸到子宫角粗肿膨大，内有像花生米样大小、能滑动的球状物，则是妊娠的表现。妊娠 12 d 时，胚胎状似樱桃；妊娠 13～14 d，胚胎状似杏核；妊娠 15～17 d，像鸡蛋黄大小而有弹性的胚泡；妊娠 20 d 以后再触摸时，便可摸到成形的胎儿，并有胎动的感觉，而胚泡则不明显了。

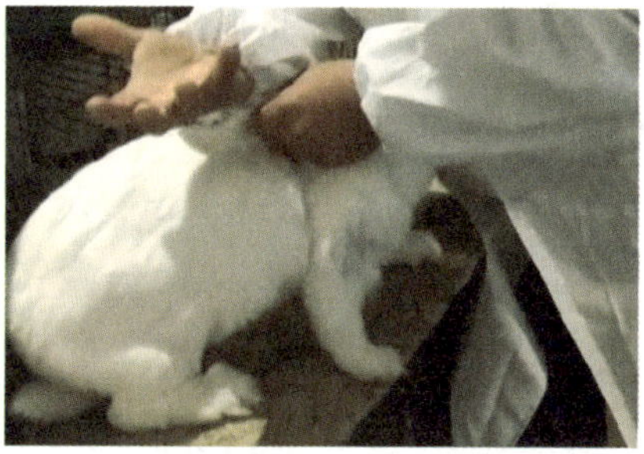

图 4-2　摸胎（1）

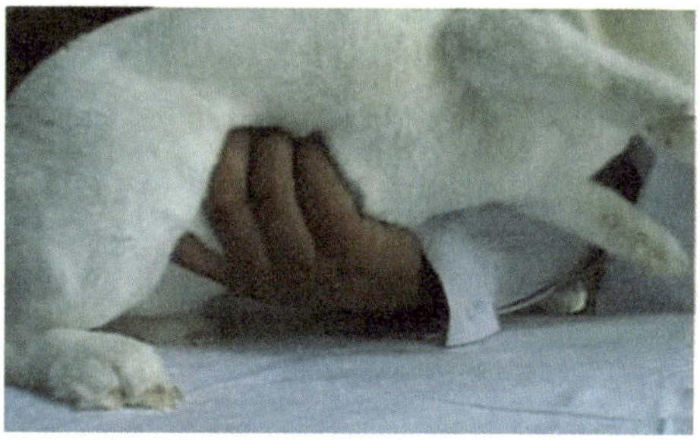

图 4-3　摸胎（2）

八、分娩与护理技术

胎儿在母体内发育成熟之后由母体内排出体外的生理过程叫分娩。母兔在妊娠后期，子宫不断膨大，刺激外部神经感受器，通过下丘脑作用于垂体后叶，释放催产素并进入血液循环系统，反射性地引起子宫肌的节律性收缩，使妊娠母兔产生分娩动作等一系列生理现象，直至把胎儿排出体外。

1. 分娩表现　分娩前多数母兔在临产前 3～5 d 乳房肿胀，能挤出少量乳汁。外阴部肿胀、充血，黏膜潮红，食欲减退甚至废绝。临产前 1～2 d 向产箱内衔草，并将胸前、腹部的毛用嘴拉下，衔到窝内做巢。对不会拉毛或不拉毛的母兔，需人工拉毛。临产前数小时，母兔情绪不安，频繁出入产箱，并有四肢刨地、顿足、拱背努责和阵痛等表现。

2. 分娩过程　母兔分娩多在夜深人静或凌晨时进行，因此要做好接产工作。分娩时，体躯前弯呈坐式，阴道口朝前，略偏向一侧。这种姿势便于用嘴撕裂羊膜囊，咬断脐带和吞食胞衣。一般产仔过程需要 15～30 min。

3. 分娩的护理　母兔分娩时，一般由于子宫的收缩和阵痛，呈犬卧姿势，拱背努责，排出胎水，仔兔连同胎衣（胎儿胎盘）等依次产出，母兔边产边将仔兔脐带咬断，并将胎衣吃掉，同时舔干仔兔身上的血迹和黏液，分娩结束。整个分娩过程需 30～40 min，但是，也有个别母兔在分娩部分仔兔，间隔数小时后，再分娩第二批仔兔。母兔分娩过程要损耗体内大量的水分，因此产前要给母兔准备好足够的清洁的饮水，以防母兔产后口渴难耐而误食仔兔。

【注意事项】

（1）10～12 d 的胚泡与粪球的区别。粪球呈扁椭圆形，表面粗糙，指压无弹性，分散面较大，并与直肠宿粪相接；而胚泡呈圆形，多数均匀排列于腹部后侧两旁，指压有弹性。

（2）妊娠时间不同，胚泡的大小、形态和位置不一样。妊娠 10～12 d，胚泡呈圆形，似花生米大小，弹性较强，在腹后中上部，位置较集中。妊娠 14～15 d，胚泡仍为圆形，似小枣大小，弹性强，位于腹后中部。

（3）一般初产母兔的胚胎稍小，位置靠后上；经产兔胚胎稍大，位置靠下。

（4）注意胚胎与子宫瘤和子宫脓疱的区别。子宫瘤虽有弹性，但增长速度慢，一般为 1 个。当肿瘤脓疱多个时，大小一般相差很大，胚胎则大小相差不大。此外，脓疱手摸时有波动感。

（5）当母兔膘情较差时，肾脏周围脂肪少，肾脏下垂，有时会误将肾脏与 18～20 d 的胚胎混淆。

（6）摸胎时，动作要轻，切忌用力挤压，以免造成死胎、流产。

（7）技术熟练者，摸胎可提前至第9天，但第12天时需再确认一次。

任务四　家兔人工授精技术

一、家兔的生殖系统

生殖系统是兔繁殖后代、保证物种延续的系统，能产生生殖细胞（精子和卵子），并分泌性激素。生殖器官分雄性生殖器官和雌性生殖器官。

（一）公兔生殖器官

1. 睾丸　是产生精子和分泌雄性激素的器官。家兔的腹股沟管宽而短，终生不封闭，睾丸可自由地下降到阴囊或缩回到腹腔内，因此经常会发现有的公兔阴囊内偶尔不见睾丸，这时若轻轻拍打臀部，睾丸可下降到阴囊里。

2. 附睾　发达，位于睾丸背侧，分头、体、尾3部分。

3. 输精管　为输送精子的管道。

4. 尿生殖道　是精液和尿液排出的共同通道。

5. 副性腺　包括精囊与精囊腺、前列腺、旁前列腺和尿道球腺4对。其分泌物进入尿生殖道骨盆部与精子混合形成精液。副性腺的分泌物对精子有营养和保护作用。

6. 阴茎　为公兔的交配器官，呈圆柱状，前端游离部稍有弯曲。选留种公兔时，选择阴茎头稍弯曲的个体为好。

7. 阴囊　为容纳睾丸、附睾和输精管起始部的皮肤囊。

8. 精索与包皮　包皮有容纳和保护阴茎头的作用。

（二）母兔生殖器官

1. 卵巢　产生卵子和雌性激素的器官。经产母兔的卵巢表面有发育程度不同的透明小圆泡。

2. 输卵管　输送卵子和受精的管道。

3. 子宫　胚胎生长发育的摇篮。兔为双子宫类型动物，有 1 对子宫。

4. 阴道　子宫颈口开口于阴道，人工授精时把精液输入此处。

5. 尿生殖前庭　交配器官和产道。人工授精输精时切忌插入尿道外口内。

6. 阴门　阴门由左右两片阴唇构成。

7. 阴蒂　兔的阴蒂发达，长约 2 cm。养兔生产中可利用按摩阴蒂的方法促使母兔发情，并进行配种。

二、家兔人工授精的优缺点

人工授精是家兔繁殖改良工作中最经济、最科学的方法。即利用家兔采精器采集公兔的精液，母兔经诱导交配（结扎输精管的公兔）排卵后，借助家兔输精器将精液输入母兔的生殖道内使之受胎。

（一）优点

（1）能够充分利用优秀公兔，加快遗传进展，提高兔群质量，迅速推广良种。

（2）减少公兔饲养量，降低饲养成本。

(3) 减少疾病，尤其是繁殖疾病传播的概率。

(4) 提高母兔配种受胎率。

(5) 可以克服某些繁殖障碍，如生殖道的某些异常或公、母兔体型差异过大等，从而有利于繁殖力的提高。

(6) 可实现同期配种、同期分娩、同期出栏，有利于集约化生产的管理。

(7) 不受时空限制即可获得优秀种公兔的冷冻精液。

(二) 缺点

(1) 需要有熟练掌握操作技术的人员。

(2) 必要的设备投资，如显微镜等。

(3) 多次使用某些激素进行刺激排卵，会形成抗体，导致母兔受胎率下降。

三、人工授精的方法和步骤

(一) 人工授精室的建设

建议开展人工授精的规模兔场应建设专门的人工授精室，最好与种公兔舍通过小窗口相连，方便采精。人工授精室主要设备包括显微镜、冰箱、水浴锅、烘干箱、高压灭菌锅、恒温箱和采精设备等。舍内安装空调、紫外线等设备。

(二) 采精公兔的选择

(1) 公兔后裔测定成绩优秀，且符合本场兔群的育种、改良计划。

(2) 查看公兔系谱，避免近亲繁育。

(3) 公兔无特定的遗传疾病或其他疾病。

(4) 禁止使用未经严格选育，生产性能低下的公兔。

（三）采精

1. 采精器具的准备　假阴道（由外壳、内胎和集精杯组成）的安装、消毒和调温。

2. 假阴道的构造与安装

外壳　一般用硬质塑料管、硬质橡胶管，外筒长 8～10 cm，内径 3～4 cm（图 4-4）。

内胎　可用医用引流管代替，长 14～16 cm（图 4-5）。

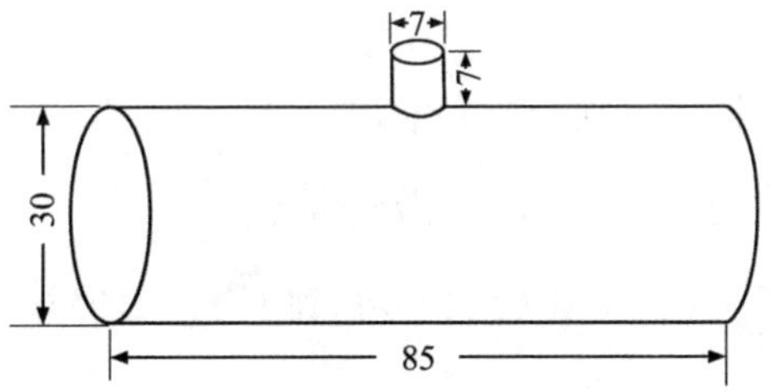

图 4-4　兔假阴道外壳示意图（mm）

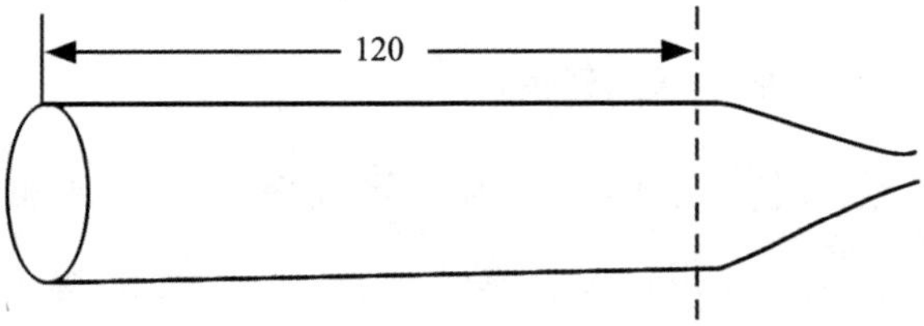

图 4-5　兔假阴道内胎示意图（mm）

集精管　可用指形管、刻度离心管，也可用羊用集精杯代替（图 4-6）。

安装　在外壳上钻一个直径 0.7 cm 左右的孔，用于安装活塞（活塞选用合适型号的黏合胶固定）。其内胎长度由假阴道长度而定。集精管可用小试管或者抗生素小玻璃瓶（图 4-7）。

把安装好的假阴道用 70％的酒精彻底消毒，等酒精挥发完以后，通过活塞注入少量50～55 ℃的热水，并将其调整到40 ℃左右。接着在内胎的内壁上涂少量白凡士林或液体石蜡起润滑作用。最后注射空气，调节压力，使假阴道内胎呈三角形或四角形，即可用来采精。

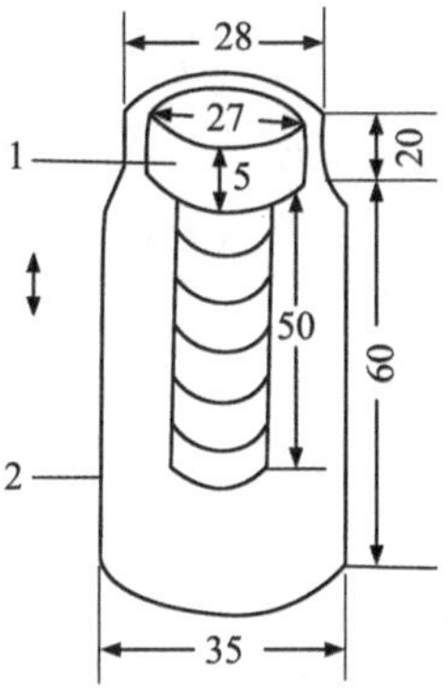

图 4-6　兔假阴道集精杯示意图（mm）

1. 贮精杯　2. 保护杯

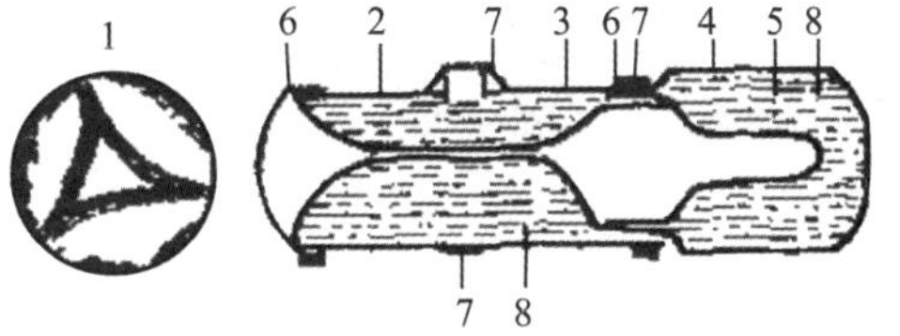

图 4-7　安装好的兔假阴道纵切面示意图（mm）

1. 假阴道入口　2. 外壳　3. 内胎　4. 集精杯　5. 集精杯保护瓶　6. 翻转内胎　7. 固定胶圈　8. 温水

3. 采精　选一只发情母兔作台兔放入公兔笼内，之后采精者左手抓住台兔的双耳及颈皮，头向采精者方向固定，右手握住安装好的假阴道，小指和无名指护住集精杯，伸向台兔两后腿之间，使假阴道口紧贴在阴门下部，并稍微用力托起台兔臀部，随时调整方向和位置。当公兔开始爬跨、阴茎挺起时，只要方向位置适宜，便能顺利插入假阴道内，公兔臀部快速抽动，当公兔射精后，倒在台兔一侧，应立即将假阴道口端抬高抽出，竖直取下集精杯，加盖并贴好标签，送检验室镜检（图 4-8，图 4-9）。

（四）精液的品质检查

通过检查确定采集的精液是否可以用于输精；确定精液稀释的倍数。采精后即可进行检查，室温为 18～25 ℃为宜，分为肉眼检

图 4-8 采精（1）

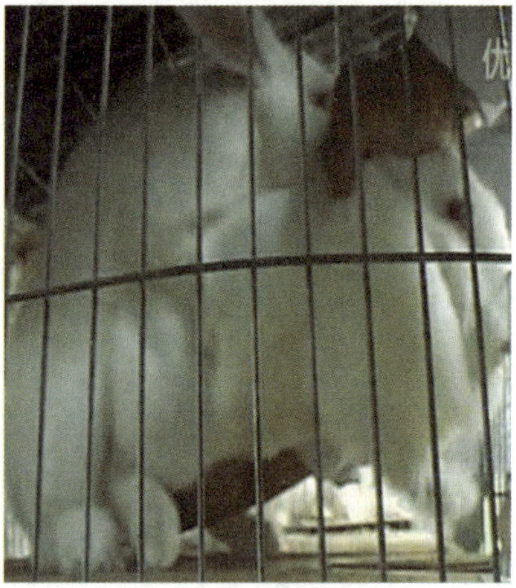

图 4-9 采精（2）

查（图 4-10）和显微镜检查（图 4-11）。在检查过程中稀释倍数依据精子的密度和活力等因素决定，一般稀释倍数为 1∶（5～10），详见表 4-2 精液品质鉴定方法。

图 4-10 眼检

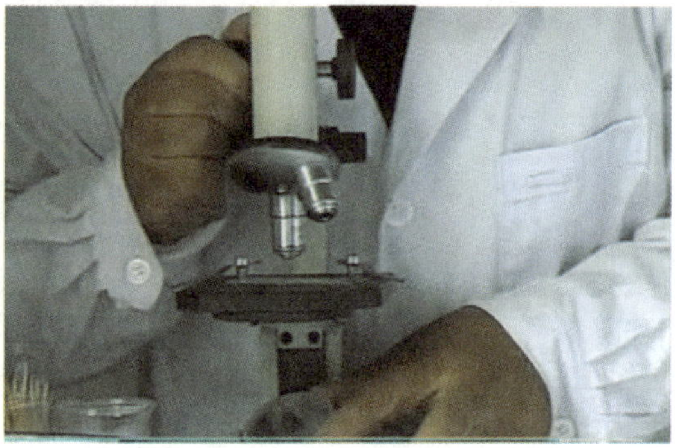

图 4-11 镜检

表 4-2 精液品质鉴定方法

项目	测定方法	正常	合格精液	不合格精液
颜色	肉眼	乳白色，混浊，不透明	云雾状翻动表示活力强、密度大	精液色黄可能混有尿液，色红可能混有血液

续表4-2

项目	测定方法	正常	合格精液	不合格精液
气味	肉眼	有一种腥味		有臭味
酸碱度	光电比色计或精密试纸	接近中性	pH 8～7.5	pH 过大，表示公兔生殖道可能患有某种疾患，其精液不能使用
精子活力	显微镜下观察，计数	活力越高，表示精液品质越好	精子活力≥0.6，方可输精	精子活力<0.6
密度	显微镜下测定	正常公兔每毫升精液含2亿～3亿	中级以上	下级
形态	显微镜下观察	具有圆形或卵圆形的头部和一个细长的尾部	正常精子占总精子数的百分数高于80%	畸形精子占总精子数的百分数高于20%
射精量	刻度吸管	0.5～2.5 mL/次		

（五）精液的稀释

精液稀释可以扩大精液量，增加输精母兔数，提高公兔的利用率，同时稀释液中某些成分对精子还具有营养作用和保护作用。一般用事先准备好的与精液等温的稀释液（25～30 ℃）进行稀释处理，严防温差过大或环境聚变，或稀释速度过快等不良影响。将稀释液缓慢地沿着容器壁倒入盛有精液的容器中，不能反向操作，否则会影响精子的存活。如果需高倍（5 倍以上）稀释的精液，最好分 2 次稀释。以免因环境突变而影响精子存活。表 4-3 是精液稀释液的种类及配制方法。

表 4-3 精液稀释液的种类及配制方法

稀释液种类	配制方法
0.9%生理盐水	可使用注射用生理盐水
5%葡萄糖稀释液	无水葡萄糖 5.0 g，加蒸馏水至 100 mL。或使用 5%葡萄糖稀释液

续表4-3

稀释液种类	配制方法
11%蔗糖稀释液	蔗糖 11 g，加蒸馏水至 100 mL
柠檬酸钠葡萄糖稀释液	柠檬酸钠 0.38 g，无水葡萄糖 4.45 g，卵黄 1～3 mL，青霉素、链霉素各 10 万 IU，加蒸馏水至 100 mL
蔗糖卵黄稀释液	蔗糖 11 g，卵黄 1～3 mL，青霉素、链霉素各 10 万 IU，加蒸馏水至 100 mL
葡萄糖卵黄稀释液	无水葡萄糖 7.5 g，卵黄 1～3 mL，青霉素、链霉素各 10 万 IU，加蒸馏水至 100 mL
蔗糖乳糖稀释液	蔗糖、乳糖各 5 g，加蒸馏水至 100 mL

注意事项：①用具要清洁、干燥，事先要消毒；②蒸馏水、鸡蛋要新鲜，药品要可靠；③药品称量要准确；④药品溶解后过滤，隔水煮沸 15～20 min 进行消毒，冷却到室温再加入卵黄和抗生素；⑤稀释液最好现配现用。即使放在 3～5 ℃冰箱中，也以 1～2 d 为限。

（六）输精

1. 发情鉴定　输精前需进行母兔发情鉴定（图 4-12），以便提高人工授精的受胎率。主要通过母兔的外部表现、精神状况和外阴部变化进行判断。发情的母兔外阴部红肿、湿润，活跃不安，食欲下降。

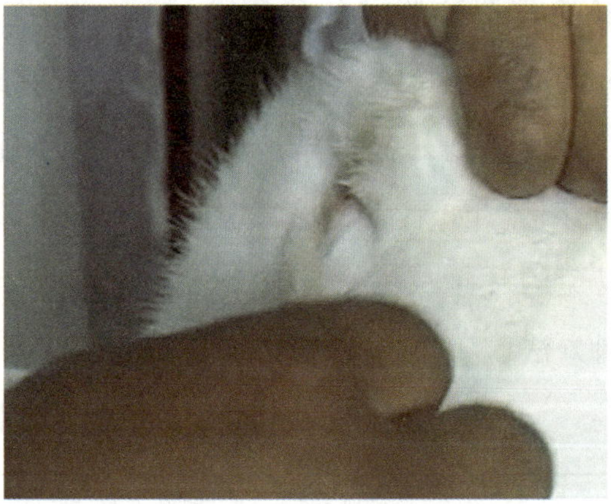

图 4-12　发情鉴定

2. 输精部位　家兔是双子宫动物，阴道较长，具有 2 个子宫口。因此，输精部位应在阴道底部靠近子宫颈口处为宜。

3. 输精量　鲜精输 0.5～1 mL，一次一般为 1 000 万～1 500 万个精子为宜；冻精输 0.3～0.5 mL，一次一般为 600 万～900 万个精子为宜。

4. 输精次数　一般为 1 次，有条件 2 次更好。

5. 输精方法　把消毒好的输精器（图 4-13），先用 5%的 30 ℃葡萄糖溶液冲洗 1～2 次，然后按输精量吸取精液，由一人保定（图 4-14）母兔头部，另一人左手提起兔尾，右手持输精器，并把输精器弯头向背部方向插入阴道 6～8 cm（图 4-15），越过尿道口后，慢慢将精液注入近子宫颈处，使其自行流入两子宫开口中。使用输精架效率更高。

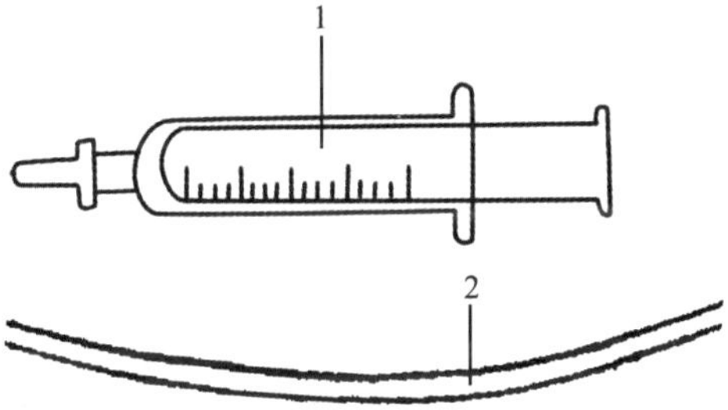

图 4-13　兔输精器

1. 注射器　2. 导尿管

【注意事项】

（1）严格消毒。输精管要在吸取精液之前先用 35～38 ℃的消毒液或稀释液冲洗 2～3 次，再吸入定量的精液输精。母兔外阴部要用 0.9%盐水浸湿的纱布或棉花擦拭干净。输精器械要清洗干净，置于通风、干燥处备用。

（2）输精部位要准确。应将精液输到子宫颈处。插入太深易造成单侧受孕，影响产仔数。

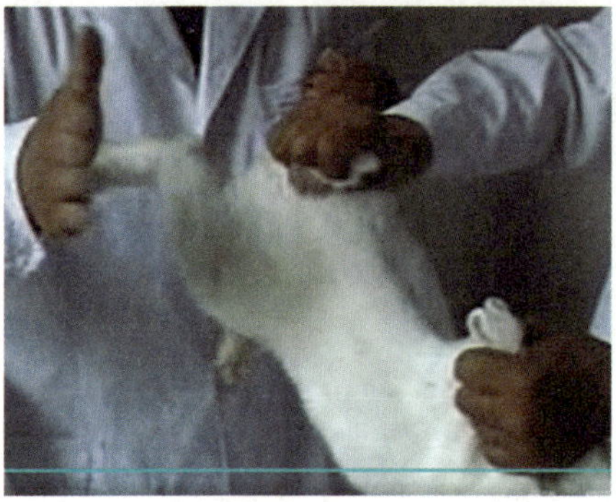

图 4-14 保定

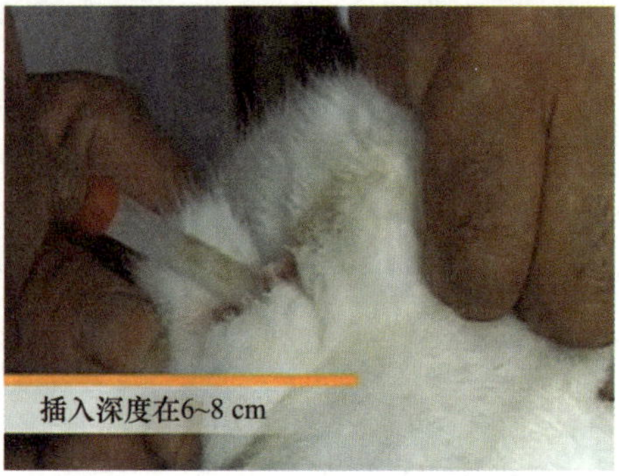

图 4-15 输精深度

项目五

家兔的饲养管理

养兔要想取得较好的经济效益，必须根据家兔的生物学特点、生活习性及不同生理阶段的特性采取不同的饲养和管理方式。科学的饲养和管理是科学养兔的重要内容。

任务一　家兔的生活习性

一、家兔的生物学特点

家兔是由野兔驯化而来的，不同程度地保留着野生生活状态下的习性。了解和掌握家兔自身的生物学规律，尽可能创造适合其习性的饲养管理条件，对养好家兔大有好处。

（一）夜行性

家兔具有昼静夜动的特点。白天无精打采，安静休息，采食量很少；夜间精神旺盛，采食、饮水增加，占全日的70%以上。因此，在晚上要喂足饲料，饮足水，有条件的饲养户可在深夜加喂一次，正如人们所说“马不吃夜草不肥，兔不吃夜草不壮”。根据家兔的这一习性，在养兔实践中，应当将饲养管理日程侧重在晚上和夜间，除提供足够的饲草、饲料和饮水外，将哺乳和配种等工作也放在这一时间段。

（二）嗜眠性

家兔在白天很容易进入睡眠状态，常闭目养神，这时除听觉外其他刺激不易引起兴奋。根据这一习性，饲养员在保证正常喂料、饮水及日常管理工作外，应保持兔舍及周围环境的安静，白天尽量不要妨碍家兔睡眠。

（三）胆小怕惊

家兔尽管在人工条件下生活，但是胆小怕惊的野生习性仍然保留着。遇有敌害时，能借助敏锐的听觉做出判断。突然的声响、生人或陌生的动物（如猫、犬等），都会使家兔惊恐不安，并影响周围家兔。因此，在饲养管理中，动作要尽量轻稳，同时防止生人或其他动物进入兔舍。

（四）喜清洁干燥

家兔喜爱清洁干燥的生活环境。干燥清洁的环境有利于兔体的健康，潮湿污染的环境，易造成家兔传染病和寄生虫的蔓延。兔舍内适宜的湿度范围为50%～60%，所以在兔舍设计及日常管理中，要选择地势较高干燥的地方，保证圈舍清洁干燥，冬暖夏凉，通风良好，排污通畅。干燥的环境，清洁的笼舍、饲料和饮水是养好家兔的基本要求。

（五）群居性差

家兔虽有群性，但很差，群养时不论公、母及同性别的成年兔经常发生互相咬斗现象，特别以公兔为甚，对新购进的兔更要引起注意。成年兔要单笼饲养，育成兔尽可能做到同笼同窝，有条件的，最好一兔一笼，既可防止争斗，又可防止早配。家兔有领域行为，在笼具内（或兔窝），有先入为主的表现，一旦有其他家兔并入，有驱逐现象，所以在管理中，需要调整合并兔时，最好同时移入。

（六）啮齿性

家兔的第一对门齿是恒齿，出生时就有，永不脱换，而且不断生长。家兔必须借助采食和啃咬硬物，不断磨损，才能保持其上下门齿的正常咬合，这种借助采食和啃咬硬物磨牙的习性，称为家兔的啮齿行为，也叫家兔的啮齿性。要避免家兔啃咬笼具，关键是要保证兔饲料要有一定的硬度，有条件的最好制成颗粒饲料，同时要注意笼舍的建设，尽量使用家兔不爱啃咬的材料，以便延长兔笼的使用年限。另外，要经常给兔提供磨牙的条件，如在笼舍内投放一些树枝或木棒供兔啃咬，以利门齿的磨蚀，促进饲料的咀嚼和消化。在养兔饲养管理中，要检查兔的第一对门齿是否正常，如发现有过长的或弯曲的，要及时修剪。种兔的牙齿畸形，具有遗传性，要及时淘汰。

（七）穴居性

穴居性是指家兔具有打洞并在洞内产仔穴居的本能行为，是家兔长期进化过程中逐渐形成的，这一习性，对现代化养兔生产来说无法利用。不过在笼养的情况下，需要尽可能模拟洞穴环境建好产仔箱或窝，让母兔在箱（窝）内产仔。小规模家庭养兔可考虑让母兔地下洞穴产仔，可充分发挥母兔的性能，提高仔兔的成活率。

二、家兔的体成熟和性成熟

兔生长发育到一定时间，当公兔的睾丸和母兔的卵巢能分别产生出有受精能力的精子和卵子时，即称性成熟。在不同饲养管理条件，家兔不同的品种，不同的个体，性成熟的迟早有一定的差异。小型品种母兔 4 月龄、公兔 5 月龄，即达性成熟。大、中型品种稍晚些，中型 5～6 月龄、大型 6～7 月龄达性成熟。一般母兔性成熟要早于公兔，通常早 1 个月左右。因此，家兔在初配时，要求公兔的初配月龄比母兔大。相同品种或品系，在优良饲养条件下，生长发育较快，其性成熟也较早，到达性成熟的家兔，身体其他组织器官还未完全发育和成熟需要继续生长。各组织器官发育完全后即为体成熟。

一般体成熟约比性成熟晚 1 个月。公母兔达到性成熟虽然已能繁殖，但身体各部器官仍处于发育阶段，未达到体成熟，若在此时交配受孕不仅会影响本身的生长发育，而且配种后受胎率低，产仔数少，母兔分娩后乳汁少，仔兔体型小，成活率低，生长慢，并易出现母兔吃仔兔现象，同时会引起种兔严重退化。

任务二　种兔的饲养管理

一、种公兔的饲养管理

俗话说："公兔好好一群，母兔好好一窝。"说明公兔质量的好坏决定着整个兔群的质量。种公兔的要求：品种特征明显，健康，体质结实，两个睾丸大而匀称，精液品质优良，配种受胎率高。

（一）种公兔的培育技术

（1）严格选育种公兔，应该从优秀的父母后代中选留种公兔。其父代要求体型大，生长速度快，被毛性状优秀（毛兔、皮兔）。

由于睾丸的大小与家兔的生精能力呈正相关，因此选留睾丸（图5-1）大而且匀称的公兔可以提高精液的品质和射精量，从而提高受精率。公兔的性欲也可以通过选择而提高。预留公兔选育强度一般要求在10%以内。种公兔自断奶就进行选育，3月龄开始要实行单笼饲养（图5-2），严防早配。

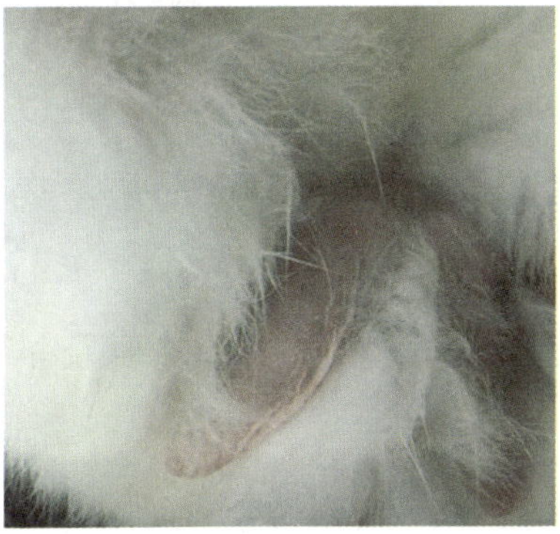

图5-1 睾丸大而均匀

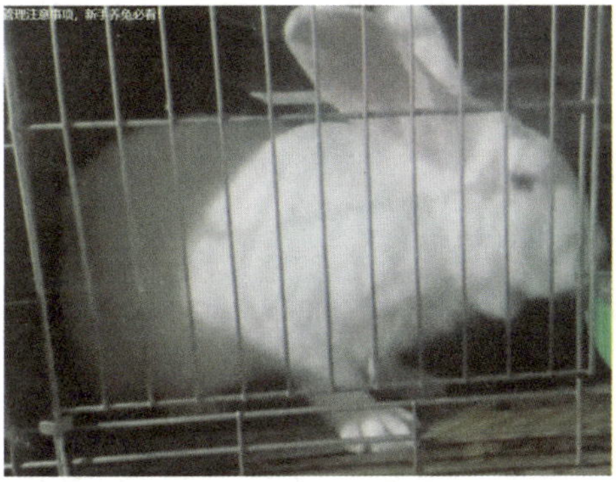

图5-2 单笼饲养

（2）公兔饲料要求营养全面，营养水平适中。切忌用低营养水平的饲粮饲养，否则易造成“草腹兔”，影响日后配种。饲养方式以自由采食为宜，但要防止公兔过胖。

（3）公兔的笼位要适当大一些，可以增加运动量。3月龄以上的公兔要与母兔分开饲养，以防早配、滥配。

（4）规模兔场严禁使用未经选育的公兔参加配种。

（5）做好配种记录。每次配种都要详细记录，以便分析和测定公兔的配种能力和种用价值，同时也做到了血统清晰，防止近亲交配。

（二）饲养技术

非配种期公兔需要恢复体力，保持适当的膘情，不宜过肥、过瘦，需要中等营养水平的饲料，20%限制饲喂，添喂青绿多汁饲料。

配种期公兔饲料保持中等能量水平，保持在 10.46 MJ/kg，不能过高或过低。能量过高，易造成公兔过肥，性欲减退，配种能力差；能量过低，公兔过瘦，精液产量少，配种能力差、效率低。

蛋白质数量、质量影响公兔的性欲、射精量和精液品质等。因此，公兔饲料粗蛋白水平必须保持在 17%。为了提高饲料蛋白品质，要适当添加动物性蛋白质饲料。配种能力不强的种公兔，喂以鱼粉、豆饼、豆科牧草等优质蛋白质饲料，可以改善精液品质，提高配种能力。

由于精子的形成需要较长的时间，因此营养物质的添补要及早进行，一般配种前 20 d 开始。

维生素、矿物质对公兔的精液品质影响巨大，尤其是维生素 A、维生素 E、钙、磷等。饲料中的维生素 A 易受高温、光照的破坏，因此要适当多添加一些。

（三）管理技术

成年公兔应单笼饲养，笼子要比母兔笼稍大，便于运动。建议规模兔场建设种公兔专用兔舍，内设取暖、降温和通风等设备。全场种公兔集中饲养，公兔舍要保持通风良好，采光好，温度、湿度适宜。种兔笼以单层笼为宜，笼底以竹板或塑料为宜。产毛兔要适当缩短养毛期。毛兔被毛过长会使射精量减少，品质下降，畸形精子（主要是精子头部异常）比率加大。公兔初配年龄以体重达到成年体重的 75%为宜。一般在 7～8 月龄进行第一次配种。

1. 使用年限　一般从开始配种算起，利用年限为 2 年，特别优秀的利用年限可达 3～4 年。

2. 合理使用种公兔　初次配种公兔实行隔天配种法，也就是交配一次休息 1 d。青年公兔每天配种 1 次，连续 2 d 休息 1 d。成年公兔 1 d 可交配 2 次，连续 2 d 休息 1 d。长期不参加配种的公兔开始配种时，头一两次交配多为无效配种，应采取双重交配。

3. 公母兔比例　自然交配时 1 只成年公兔可配 8～10 只母兔。种公兔群中，壮年公兔占 60%、青年公兔占 30%、老年公兔占 10%。人工授精时 1 只公兔可配 50～100 只母兔。

4. 消除“夏季不育”方法

（1）给公兔营造一个免受高温侵袭的环境，如饲养在安装空调的兔舍或在凉爽通风的地下室。

（2）使用一些抗热应激制剂。例如，每 100 kg 种兔饲粮中添加 10 g 维生素 C 粉，可增强繁殖用公、母兔的抗热能力，提高受胎率和增加产仔数。

（3）可以通过精液品质检查、配种受胎率测定，选留抗热应激能力强的公兔。

5. 缩短“秋季不孕”期

（1）增加公兔的饲料营养水平（如蛋白质、矿物质和维生素）。蛋白质增加到 18%，维生素 E 达 60 mg/kg，硒达 0.35 mg/kg 和维生素 A 达 12 000 IU/kg，可以明显缩短恢复期。

（2）使用兔专用抗热应激制剂。

6. 健康检查　经常检查公兔生殖器官，如发现梅毒、疥癣、外生殖炎等疾病应立即停止配种，隔离治疗。

【注意事项】

生产中存在对配种能力强的公兔过度使用的现象，久而久之会导致优秀公兔性功能衰退，有的造成不可逆衰退，应引起注意。

【专家提示】

（1）少餐多次是饲养种公兔一个很好的方法，可使其经常保持旺盛的食欲，能有效地降低消化道疾病的发生。

（2）少餐多次可减少饲料的浪费，提高饲料的利用率，同时也是饲料过渡、兔群抗应激时较好的饲喂方法。

（3）养兔切忌无草用料代替，或单纯追求高营养，随意加大精料的比例。

二、种母兔的饲养管理

种母兔是整个兔群的基础，饲养管理条件的好坏直接影响兔场的成败。种母兔在空怀期、妊娠期和哺乳期 3 个阶段其饲养管理方面有很大的差异。因此，生产中必须根据各个不同的生理状态采取相应的饲养技术措施。

（一）空怀母兔的饲养管理

母兔的空怀期又称作休养期，是指上胎小兔断奶到下次配种之前的体况调整期。由于母兔在妊娠和泌乳期间营养消耗较多，多数母兔在空怀期体况较差。此期饲养管理的中心工作是调整膘情，恢复体力，促使早发情，早配种，提高繁殖率。在采用频密繁殖或半频密繁殖时，母兔没有空怀期或空怀期较短。

1. 饲养技术　空怀母兔达到七八成膘情为宜。对过瘦的母兔适当增加饲喂量（必要时可以采取近似自由采食的方式），有青草季节，加喂青绿饲料；冬季加喂多汁饲料，使其尽快恢复膘情。

（1）集中补饲法　在我国广大农村以粗饲料为主的兔群，为了提高母兔的繁殖性能，以下几个时期进行适当补饲：交配前 1 周（确保其准备最大数量的受精卵子）、交配后 1 周（减少早期胚胎死亡的危险）、妊娠末期（胎儿增重的 90％发生在这个时期）和分娩后 3 周（确保母兔泌乳量，保证仔兔最佳的生长发育）。每天补饲 50～100 g 精饲料（图 5-3）。

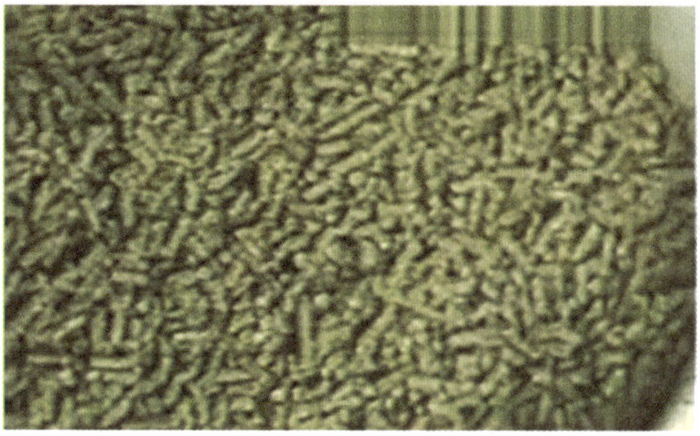

图 5-3 精饲料

（2）限制饲喂 兔群中过胖、过肥的母兔和公兔会严重影响繁殖，必须进行减膘。限制采食（图 5-4）是最有效的方法，有以下几种形式：第一，减少饲喂量或每天减少一次饲喂次数。第二，限制家兔饮水，从而达到限食的目的。每天只允许家兔接近饮水 10 min，成年兔采食颗粒饲料降低 25%，高温情况下限食效果尤为明显。

图 5-4 限制采食

（3）长期不发情母兔的处理 对于非器质性疾病而不发情的母兔，采取的措施有：异性诱情；人工催情：使用催情散，每天每只

10 g拌入料中，连喂7 d。

2. 管理技术　空怀母兔一般为单笼饲养，也可群养，但是必须观察其发情情况，掌握发情症状，适时配种。空怀期长短与母兔体况恢复的快慢有关，过于消瘦的个体可以适当延长空怀期。一味追求繁殖胎数，往往会适得其反。对于不易受胎的母兔，可以通过摸胎的方式检查子宫是否有脓肿，子宫脓肿的母兔要及时淘汰处理。

（二）怀孕母兔的饲养管理

怀孕期间饲养管理条件的好坏将直接影响到胎儿的生长发育、产仔数、仔兔出生重和分娩后的泌乳能力。

1. 饲养技术

（1）怀孕前期的饲养　母兔怀孕前期（最初的3周），母体器官及胎儿组织增长很慢，胎儿增重仅占整个胚胎期的10%左右，所需营养物质不多，一般这个时期采取限食方式。如果体况过肥或采食过量，会导致母兔在产仔期死亡率提高，而且抑制泌乳早期的自由采食量。但要注意饲料质量，营养要均衡。妊娠前期按常规饲喂量进行，一般颗粒料饲喂量200 g/d左右。

（2）怀孕后期的饲养　怀孕后期（21～31 d），胎儿和胎盘生长迅速，胎儿增加的重量相当于初生重的90%。此时母兔需要的营养也多，饲养水平应为空怀母兔的1～1.5倍。母兔腹腔因胎儿的占位，饲料采食量下降。因此，应适当提高营养水平，以弥补因采食量下降导致母兔营养摄取量不足。

（3）妊娠临近的饲养　在妊娠的最后1周，母兔动用体内储备的能量来满足胎儿生长的绝大部分能量需要。妊娠后期可以适当增加饲喂量，也可采取自由采食方式。

2. 管理技术

（1）保胎防流产　流产一般发生在妊娠后 15～25 d，尤其以 25 d 左右多发。引起流产的原因有多种，如惊吓、挤压、不正确的摸胎、采食霉变饲料或冰冻饲料、疾病等都可引起流产，应针对不同原因，采取相应的预防措施。

（2）做好接产准备　一般在产仔前 3 d 把消毒好的产仔箱放入母兔笼内，垫上刨花或柔软垫草。母兔在产前 1～2 d 要拉毛做窝。据观察，母兔产仔窝修得越早，哺乳性能越好。对于不拉毛的母兔，应在产前或产后进行人工辅助拔毛，以刺激乳房泌乳。

（3）分娩　母兔分娩多在黎明。一般产仔很顺利，每 2～3 min 产 1 只，15～30 min 产完。个别母兔产几只后休息一会儿，有的甚至会延长至第 2 天再产，这种情况多数是由于产仔时受惊所致，因此产仔过程要保持安静。严寒季节要有人值班，对产到箱外的仔兔要及时放到箱内保温。母兔产后及时取出产箱，清点产仔数，称量初生窝重，剔除死胎、畸形胎、弱胎和沾有血迹的垫料。母兔分娩后，由于失水、失血过多，精神疲惫，口渴饥饿；因此应准备好淡盐水或糖盐水，同时保持环境安静，让母兔休息好。

（4）产后管理　产后 1～2 d 内，母兔由于食入胎盘、胎衣，消化功能较差，因此应饲喂易消化的饲料。母兔分娩 1 周内，应服用抗菌药物，以预防乳腺炎和仔兔黄尿病，促进仔兔生长发育。

（5）诱导分娩技术

目的：生产实践中，50％以上的母兔在夜间分娩。在冬季，尤其对那些初产和母性差的母兔，若产后得不到及时护理，仔兔易产在窝外，冻死、饿死或掉到粪板上死亡，影响仔兔成活率。采取诱导分娩技术，可让母兔定时分娩，提高仔兔成活率。

具体方法：将妊娠 30 d 以上（包括 30 d）的母兔，放置在桌子上或平坦处，用拇指和食指一小撮一小撮地拔下乳头周围的被毛。然后将其放到事先准备好的产箱里，让出生3～8日龄的其他窝仔兔（5～6只）吮奶3～5 min，在将其放入产箱里。一般3 min左右后开始分娩。

（6）人工催产　对妊娠30 d还不分娩的母兔，先用普鲁卡因注射液2 mL在其阴部周围注射，使产门松开，再用催产素1支（2 IU）在后腿内侧做肌内注射，这样几分钟后仔兔即可全部产出。人工催产不同于正常分娩，母兔往往不去舔食产出仔兔的胎膜，仔兔会出现窒息性假死，如果不及时抢救，会导致死亡。因此，仔兔产出后要及时清除胎膜、污毛和血毛，用垫草盖好仔兔，并给母兔喂些青绿饲料和饮水。

（三）哺乳期母兔的饲养管理

1. 哺乳母兔的生理特点　哺乳母兔是兔一生中代谢能力最强、营养需要量最多的一个生理阶段。母兔产仔后即开始泌乳，前3 d泌乳量较少，为90～125 mL/d。随泌乳期的延长，泌乳量逐渐增加，第18～21天泌乳量达到高峰，为280～290 mL/d；21 d后缓慢下降，30 d后迅速下降。母兔的泌乳量和胎次有关，泌乳量一般第1胎较少，2胎以后渐增，3～5胎较多，10胎前相对稳定，12胎后明显下降。

经研究发现，兔乳中含干物质26.4%、脂肪12.2%、蛋白质10.4%、乳糖1.8%、灰分2%、能量7.531 MJ/kg。与其他动物相比，兔乳除乳糖含量不太高外，干物质、脂肪、蛋白质和灰分含量均很高。因此，生产中试图用其他动物乳汁替代兔乳，往往不能取得预期的效果。营养丰富的兔乳为仔兔的快速生长提供了丰富的营养物质，同时母兔必须要从饲料中获得充足的营养物质，以满足泌乳的需要。

2. 饲养技术

（1）从哺乳母兔的泌乳规律可知，产仔后前 3 d，泌乳量少，同时母兔体质较弱，消化机能尚未恢复，因此饲喂量不宜太多，所提供的饲料要求易消化、营养丰富。

（2）从第 3 天开始，要逐步增加饲喂量，到 18 d 之后饲喂要接近自由采食。哺乳母兔饲料中粗蛋白应达到 16%～18%，能量达到 11.7 MJ/kg，钙、磷也要达到 0.8%和 0.5%。最近研究表明，采食过量的钙（>4%）或磷（>1.9%）会导致繁殖能力显著变化，发生多产性或增加死胎率，因此要避免钙、磷过量。

（3）人工辅助哺乳　对于有奶但不愿自动哺育仔兔或在巢箱内排尿、排粪或有食仔恶癖的母兔，必须实行人工辅助哺乳（图 5-5，图 5-6）。方法是将母兔与仔兔隔开饲养，定时将母兔捉进巢箱内，用右手抓住母兔颈部皮肤，左手轻轻按住母兔的臀部，让仔兔吃奶。如此反复数天，直至母兔习惯为止。一般每天喂乳 2 次，早晚各 1 次。

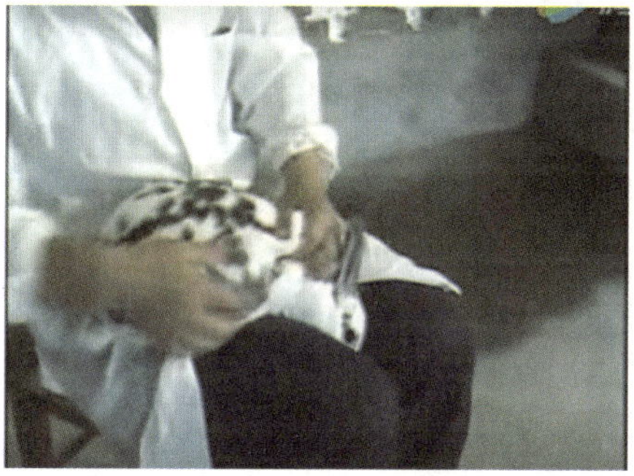

图 5-5　人工辅助哺乳（1）

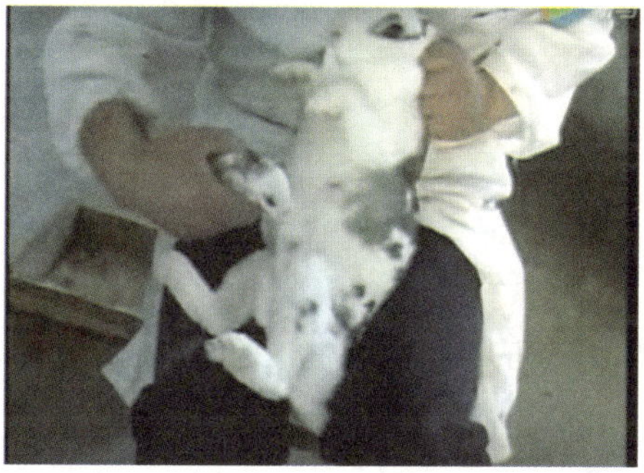

图 5-6　人工辅助哺乳（2）

3. 管理技术　确保母兔健康，预防乳腺炎，让仔兔吃上奶、吃足奶，是这一时期管理的重要内容。产后母兔笼内应用火焰消毒一次，可以烧掉飞扬的兔毛，预防毛球病的发生。有条件的兔场采取母仔分离饲养法。

4. 母兔乳腺炎的预防措施　母兔一旦患乳腺炎，轻则仔兔染黄尿病死亡，重则母兔失去种用功能。乳腺炎的发生多由饲养管理不当引起，常见的原因有：

①母兔奶量过多，仔兔吃不完的奶滞留于乳房内；

②母兔带仔过多，母乳分泌少，仔兔吸破乳头感染细菌所致；

③刺、钉等锋利物刺破乳房而感染。针对以上原因，可采取寄养、催乳、清除舍内尖锐物等措施，预防乳腺炎的发生。产后 3 d 内，每天喂给母兔复方新诺明、苏打各 1 片，对预防乳腺炎有明显效果。若群体发病率高，可注射葡萄球菌菌苗，每年 2 次。

【注意事项】

（1）产仔箱内保持干燥，避免病原微生物侵害仔兔。

（2）如果乳汁浓稠，阻塞乳管，用毛巾按摩乳房，10～15 min/次。

（3）要经常保持巢箱和饲喂用具的清洁卫生。

（4）要经常检查母兔的泌乳情况，发现乳房和乳头有硬块或红肿要及时治疗。发现泌乳兔消瘦，乳房干瘪，说明母兔营养不良，要适当增加富含蛋白质的饲料。对体质虚弱的，可以补喂豆浆、小米粥、麸皮，熬红糖水。

（5）要经常检查仔兔的发育情况。仔兔发育不良，通常见于母兔泌乳差，要给母兔增加营养。要经常检查仔兔的粪尿情况，如果巢箱内垫草潮湿，说明仔兔多尿；母兔乳汁稀薄，要增加母兔的营养；如果仔兔粪便干硬，说明仔兔缺水。

任务三　仔兔的饲养管理

一、仔兔的生长发育特点

从出生到断奶这段时期的小兔称仔兔。仔兔出生时无毛（图5-7，图5-8），体温调节机能还不健全，一般产后 10 d 才能保持体温恒定。炎热季节巢箱内闷热仔兔易中暑，冬季易冻死。初生仔兔最适的环境温度为 30～32 ℃。

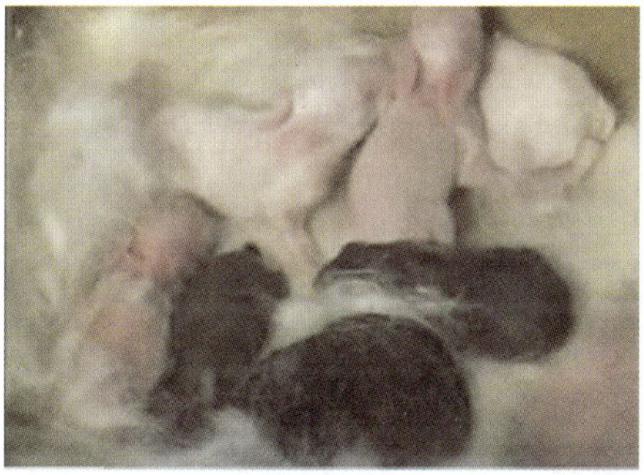

图 5-7　出生仔兔（1）

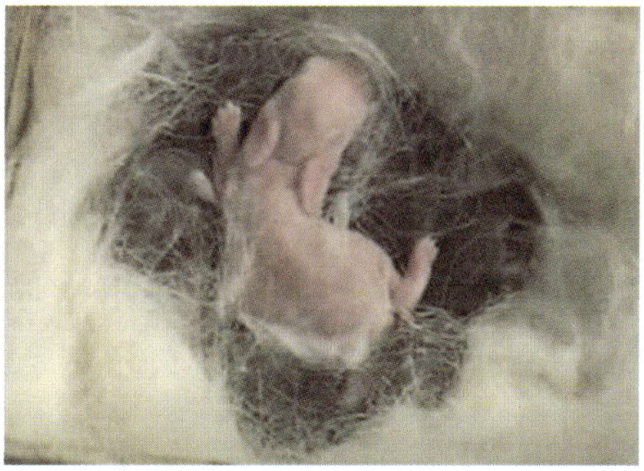

图 5-8　出生仔兔（2）

1. 视觉、听觉未发育完全　仔兔生后闭眼、耳孔封闭，整天吃奶睡觉。生后 8 d 耳孔张开，11～12 d 眼睛睁开。

2. 生长发育快　仔兔初生重 40～65 g。在正常情况下，生后7 d 体重增加 1 倍，10 d 增加 2 倍，30 d 增加 10 倍，30 d 后亦保持较高的生长速度。因此，对营养物质要求较高。

根据其发育特点，可将仔兔分为 3 个不同时期，即睡眠期、开眼期、追乳期。此时的饲养管理重点是提高仔兔的成活率及断乳体重。

二、仔兔的饲养管理

（一）睡眠期仔兔的饲养管理

仔兔从出生至开眼的时期称睡眠期，时间为 0～12 日龄。睡眠期仔兔体无毛，闭眼，体温调节能力差，容易受冻，除了吃奶外，几乎都在睡觉，其饲养管理要点如下：

1. 早吃奶、吃足奶　兔乳是仔兔这一时期所需营养物质的唯一来源。母兔的初乳含丰富的蛋白质、多种维生素及镁盐，其营养价值很高，镁盐具有促进胎便排泄的功能，所以应保证仔兔早吃奶、吃足奶，确保体质健壮。仔兔的代谢作用很旺盛，吃下的乳汁大部分被消化吸收，很少有粪便排出。此期的仔兔只要能吃饱、睡好，就能正常生长发育。通常在仔兔出生后 6 h 内要检查哺乳情况，针对仔兔吃不饱奶（在窝内乱爬，肤色灰暗，腹部不胀，如用手触摸，仔兔头向上伸，并发出“吱吱”的叫声）的情况，具体分析，采取有效措施。

2. 强制哺乳　一些母性不强的母兔，不会照顾仔兔，甚至拒绝哺乳，这时要进行强制哺乳（图 5-9）。方法是抓住母兔固定在产仔箱内，将仔兔放在乳头旁，让其吮乳，每日 4～5 次，连续 3 d，母兔便会自动哺乳。

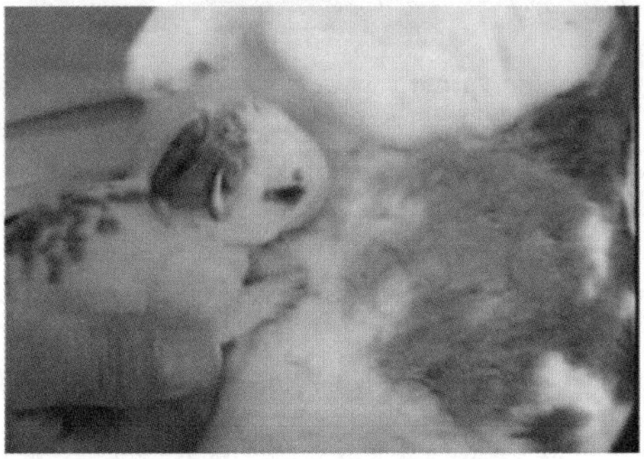

图 5-9　强制哺乳

3. 寄养　一般情况下，母兔所哺乳仔兔数应与其乳头数一致。产仔少的母兔可为产仔多、无奶或死亡的母兔代乳，称为寄养。

两窝合并，日龄差异不要超过 2～3 d。具体方法是：首先将保姆兔拿出，把要寄养仔兔放入窝中心，盖上兔毛、垫草，2 h 后将母兔放回笼内，这时应观察母兔对仔兔的态度。如发现母兔咬寄养仔兔，应迅速将寄养仔兔移开。如果是初次寄养仔兔，最好用液体石蜡、碘酒或清凉油涂在母兔鼻端，以扰乱母兔嗅觉，使寄养成功。

4. 防止吊乳　在哺乳时由于母兔乳量不足仔兔紧紧咬住乳头不放，或母兔受到惊吓突然跳出巢箱，将仔兔带出巢箱外的现象称为吊乳。如仔兔已受冻发凉，应将仔兔放入人怀里取暖，或是将仔兔身躯浸入 40 ℃温水中露出头部。当仔兔皮肤红润、活动有力时即可放回。

（二）开眼期仔兔的饲养管理

从仔兔开眼到 21 日龄这段时期称为开眼期。一般 9～12 日龄开眼，开眼后仔兔精神振奋，在巢箱内跳蹦，数天后跳出巢箱，称为出巢。由于仔兔的生长速度很快，3 周龄后母乳已不能满足营养需要，仔兔总是追随母兔吮乳，又称为追乳期。开眼期的仔兔被毛已经长出，虽没有长到完整的程度，但已经具备了较强的体温调节能力，对开眼期仔兔主要做好以下几项工作：

1. 帮助仔兔开眼　开眼的迟早与仔兔的发育有关，延期开眼的仔兔往往体质较差，故应加强护理，对 12 日龄还未开眼，可用眼药水擦洗眼睑，帮助开眼。用 2%～3%的硼酸溶液也可。

2. 母仔合笼　仔兔 12～14 日龄，产仔箱需放置在母兔笼内，15～16 日龄的仔兔可以自由地出入产仔箱，跟随母兔一是具有安全感，二是开始模仿学习母兔吃料和饮水。这一时期要注意勤换垫草，保持巢箱的干净卫生。在比较安全的地方，用纱布遮盖，同时做好室内通风、降温工作。

（三）追乳期仔兔的饲养管理

1. 及时补料　21 日龄到断奶这一时期称为追乳期，追乳期的仔兔生长发育很快，母乳已不能满足其营养需要，21 日龄时只能满足 80%，25 日龄时只能满足 50%，28 日龄时只能满足 30%，为了满足仔兔的生长发育需要，必须给仔兔及时补料。传统的补料时间是 21 日龄，提早补料是在 16～18 日龄。补料一定要注意多餐少量，颗粒要小。

2. 补料的方法　让母仔同槽采食（需增设槽位）或单独给仔兔补充优质饲料（母仔笼）。饲料要易消化、营养好，在饲料中添加抗生素或洋葱、大蒜等消炎、杀菌、健胃药物，可增强体质，减少疾病发生。

仔兔开食后粪尿增多，为保持巢箱干净，更要勤换垫草。此时仔兔的饮水量增大，一定要保证供应充足的清洁饮水。

3. 如期断奶　我国家兔育种委员会规定仔兔断奶时间为 6 周龄，但实际养兔生产中为 4～5 周龄。断奶过晚，会影响仔兔消化道中酶的形成，使仔兔生长缓慢；断奶过早，消化系统还没发育成熟，影响生长，死亡率上升。小型品种仔兔 0.5 kg 以上，大型品种仔兔 0.7 kg 以上即可断奶。现代养兔提倡 28～30 日龄断奶。断奶可用一次断奶法，也可用分次断奶法，即将强壮的仔兔先断奶，弱小的多哺乳几天再断奶。为了减少断奶应激，可采取离母不离窝、断奶不离群、不换料、不撤离产箱的方法，即饲料、环境、管理程序三不变，以防对仔兔产生的应激反应过大。断奶 1 周后，仔兔首次免疫接种兔瘟疫苗，然后再转群。母兔回到原来的笼位，撤离产箱。母兔在断奶后 2～3 d 内停喂精料，少喂青料，多喂干草，适当减少饮水，以促使母兔停乳，防止乳腺炎的发生。对断奶后泌乳量还较多的母兔，在停喂精料的同时，可在断奶后间隔一天哺喂一次仔兔，再间隔一天再哺喂一次。仔兔断奶时间的早晚应根据饲养管理水平、本场的繁殖制度和仔兔的发育情况而定。对仔兔而言，断奶越晚，断奶的应激反应就越小，断奶后的成活率就越高；但对生产而言，会严重影响母兔的繁殖性能。

三、提高仔兔成活率的措施

（一）加强营养

母兔营养提高，母兔泌乳量增加，让仔兔吃足奶，达到母壮仔肥，早吃奶（初乳）、吃好奶是仔兔健康生长的基础。母兔泌乳量取决于泌乳天数、未断奶仔兔的数量、母兔的生理状态（是否受孕）和饲料采食量，因此增加母兔饲喂量可以提高泌乳量，增加仔兔体重和抗病力。选留母兔时在注重选择母兔产仔数的同时，要选择乳头数多的个体，这样有利于提高仔兔断奶前后的成活率。根据母兔泌乳量多少、产仔数等，采取催乳、调整哺乳仔兔数等措施，使仔兔吃足奶，增强仔兔抵抗力，提高成活率。

（二）防寒防暑

仔兔调节体温的能力不健全，冬天容易受冻而死，因此保温防冻是仔兔管理的重点。可采取提高舍温、增加巢箱垫草（垫草要理成浅碗底状，中间深、四周高）、采用母仔分离法（把巢箱放到温暖、安全的房间）等措施。受冻的仔兔立刻放入温水中急救。夏天天气炎热，仔兔出生后裸体无毛，易被蚊虫叮咬。因此要将产箱放到安全处，并外罩纱网，定时哺乳。同时应弃去产箱内过多的垫草和兔毛，加强巢内通风、降温，防止过热。

（三）预防疾病

仔兔易患黄尿病、脓毒败血症、大肠杆菌病和支气管败血波氏杆菌病（15 日龄以内）等疾病。最常见的黄尿病系由仔兔吸吮患乳腺炎母兔的乳汁所致，一般同窝全部发生或相继发生，仔兔粪稀如水，呈黄色、腥臭，患兔昏睡、全身发软，死亡率很高，有的全窝死亡。预防母兔乳腺炎发生是杜绝本病的主要措施。一旦发生本病必须对母兔和仔兔同时治疗，给母兔肌内注射青霉素，仔兔口滴庆大霉素 3～5 滴，每天 2～3 次。做好兔舍保温、通风可以预防支气管败血波氏杆菌病、大肠杆菌病的发生。给母兔注射大肠杆菌、波氏杆菌和葡萄球菌疫苗等，可以有效预防仔兔感染上述疾病。

（四）加强管理，减少非正常致残和死亡

仔兔易被鼠类残食，因此兔场要做好灭鼠工作。兔舍与外界通道安装铁丝网，防止老鼠进入。仔兔也经常被母兔残食，给母兔提供均衡营养及充足饮水，并保持产仔时安静，可以有效防止食仔现象发生。有食仔恶癖的母兔应淘汰。

【注意事项】

（1）产仔箱出口净高度 15～17 cm 可以减少吊乳的发生。

（2）母兔进出产仔箱，正常跳跃时腹部离开原地的高度为 12～14 cm，产仔箱内的垫草一般为 3 cm，因此产仔箱的进出口低于 15 cm 时，会出现仔兔吊乳现象，高于 20 cm 时，会出现产仔箱进出口沿磨蹭兔乳房，可导致乳腺炎的发生。

（3）冬天保温防寒，夏天防暑。仔兔出生后体表无毛，无体温调节能力，体温随着外界环境温度的变化而变化，因此要注意仔兔的保温，产仔箱内温度在 30～32 ℃较为适宜。一般兔舍温度在 15 ℃以上，产仔箱边缘温度可达 23 ℃以上，兔巢穴内温度可达 30 ℃。当兔舍的温度低于 15 ℃时，就得给产箱保温。单个产仔箱盖棉垫，或将多个产箱摞起来统一盖棉垫，在兔舍温度 5 ℃以上时，可以保障仔兔的安全。

【专家提示】

（1）哺乳期仔兔死亡多是感染疾病而致；

（2）哺乳期仔兔疾病多是由母体垂直传染的；

（3）哺乳期仔兔多发病必须从母兔即感染源防治，如仔兔的黄尿病、球虫病等；

（4）现代养兔提倡在仔兔的补饲中添加预防球虫病的药物；

（5）兔瘟对养兔业危害很大，现代养兔提倡30～35日龄要给仔兔做兔瘟疫苗的首次免疫。

任务四　幼兔的饲养管理

一、幼兔的生理特点

断奶到3月龄的小兔称幼兔，这一阶段是养兔生产中的一个重要环节，也是养兔生产中最难养的时期。幼兔饲养成败与否关系到养兔的成败。幼兔消化系统的发育尚不完善，肠道还未形成正常的微生物群，对食物的消化能力弱，兔体新陈代谢旺盛，生长发育快，贪吃，容易引发消化道疾病；免疫体系还不健全，抗病力弱，断奶、分群及各类疫苗的接种等各种应激。因此在生产中，这一阶段的饲养管理、疫病防治措施抓得好，幼兔的成活率可达到95%左右，商品兔的出栏率和出栏体重也能达到理想的指标。

二、幼兔的饲养技术

（一）合理饲喂

幼兔生长快，但采食量小，消化能力差，要解决这个矛盾，应喂体积小、容易消化吸收、营养丰富的全价日粮。饲粮中不仅要有一定量的粗纤维，其中木质素也要有一定的量，推荐量为5%，日粮中的蛋白质一般要求达到16%左右。在饲料中可添加蛋氨酸、赖氨酸等。这时期较理想的饲料有豆饼、豆渣、鱼粉、大麦、燕麦、苜蓿、三叶草和槐树叶等。青饲料要求含水分较少、新鲜。有条件的可以喂给全价颗粒饲料。

（二）定时、定量、定质

幼兔食欲旺盛、易贪食，饲喂要少量多次，而且要严格遵循“定时、定量、定质”的原则。幼兔饲粮配方的改变要有个过渡期，这一点对幼兔尤为重要。幼兔饲粮中可适当添加一些药物添加剂、复合酶制剂、益生元、益生素、低聚糖等，既可以防病，又能提高日增重。

三、幼兔的管理技术

（一）过好断奶关

幼兔发病高峰多在断奶后1～2周，主要原因是断奶不当。正确的方法应当是根据仔兔发育情况、体质健壮情况，决定断奶日龄及采取一次性断奶还是分次断奶。无论采取何种断奶方式，都必须坚持“原笼饲养法”，做到饲料、环境、管理三不变。

（二）合理分群

原笼饲养一段时间后，依据幼兔大小、强弱进行分群或分笼。

每笼3～5只，每群5～10只。

（三）防止腹部着凉

幼兔腹部皮肤薄，十分容易着凉。因此，在寒冷季节，早晚要注意保持舍温，防止幼兔腹部受凉，以免引起腹泻或发生大肠杆菌病等。

（四）增加运动

幼兔正处于生长发育旺盛的时期，有条件的情况下要增加室外运动，多晒太阳，促进新陈代谢。

（五）做好预防性投药

球虫病是危害幼兔的主要疾病之一，因此幼兔饲粮中应添加氯苯胍、盐霉素、地克珠利或兔宝Ⅰ号等抗球虫病药物。饲料中加入一些洋葱、大蒜素等，对增强幼兔体质、预防其胃肠道疾病有良好作用。

（六）做好免疫工作

幼兔阶段须注射兔瘟疫苗、巴波二联苗、魏氏梭菌疫苗和大肠杆菌疫苗等。饲养幼兔的圈舍、兔笼要定期进行消毒（15 d），每天要进行卫生清扫工作，同时应搞好兔舍的卫生、清洁、通风，以减少疾病的发生（图5-10）。

【注意事项】

（1）幼兔要少喂青草或采取逐步增加青草饲喂量的方式，切忌突然大量饲喂青草，以免引起消化道疾病。含露水或水分高的青草应晾晒后再喂。在缺青草的冬季用多汁饲料喂幼兔，要遵循由少逐渐增多的原则，同时最好在中午饲喂。切忌用冰冻多汁饲料喂兔。

（2）目前我国幼兔饲养方式多数为群养或数只同笼饲养，因此必须给幼兔提供足够的采食面积（料盒长短、数量等），以防止个

图 5-10　做好免疫工作

别强壮兔因采食过多饲料而引起消化道疾病。

任务五 青年兔的饲养管理

青年兔是指生后3月龄到配种这阶段的家兔，又叫育成兔或后备兔。青年兔的特点是生长发育很快，主要是长骨骼和肌肉的阶段，消化系统发育成熟，食量大，对粗纤维的消化率高，对蛋白质、无机盐和维生素的需要多，对粗饲料消化力的抗病力已逐渐增强。成熟早的公母兔已有性欲和发情表现。

青年兔的饲养管理技术如下：

（一）青粗饲料养兔

饲喂青年兔的饲料应以青粗饲料为主，适当补给精饲料，每天每只可喂给青粗饲料500～600 g，混合精料50～70 g。5月龄以后的青年兔应适当控制精料喂量，以防过肥，影响种用。由于青年兔是长肌肉、长骨骼的阶段，应特别注意无机盐类饲料的补充。

（二）单笼饲养

后备期的公母兔要分开饲养，做到1兔1笼。据生产实践，3月龄的公母兔生殖器官已开始发育，已有配种要求，但尚未达到体成熟年龄。所以，从3月龄开始，就要将公母兔分笼饲养，以防早配、滥配。

（三）选种鉴定

对4月龄以上的公母兔要进行1次综合鉴定，根据外形、生长发育和产毛性能进行选择，把生长发育优良、健康无病、产毛性能良好、符合种用要求的后备兔编入种兔群，次等的编入产毛群，劣等的一律淘汰，以不断提高兔群质量。

（四）加强培育

对编入种兔群的后备兔要加强培育，从6月龄开始可训练公兔进行配种，一般每周交配1次，以提高早熟性和增强性欲。

（五）及时去势

4月龄左右的公兔如不留种，应及时去势，既便于管理，又可提高产毛量（公兔去势一般可提高产毛量10%～15%）。

任务六　肉兔的饲养管理

一、肉兔的生长特点

仔兔出生时一般在50～60 g，但出生后增重很快。一般1周龄时体重增加1倍，4周龄时体重增加10倍，6周龄时体重增加20倍，13周龄时体重增加30倍。这一生长速度是其他家畜少有的。家兔不仅生长速度快，而且饲料报酬高，目前许多肉兔品种12～13周出栏，体重达2.5 kg。因此，利用肉兔早期生长速度快的特点，可以实行节约型养殖，提高养殖效益。家兔的早期生长速度受品种、营养、性别、个体和母兔产仔数与泌乳力的影响，一般肉兔的生长速度较毛用兔和皮用兔快，大型兔、中型兔较小型兔快，高营养水平较低营养水平快，公兔比母兔快，母兔泌乳力高的较泌乳力低的快。

二、肉兔的饲养管理

（一）选择优良品种和杂交组合

对家兔进行快速育肥已成为养兔生产中决定经济效益的重要一环，育肥技术随着兔业科学技术的进步而不断发展和完善，效果不断提高。

1. 选养优良品种

（1）特点　生长速度快。

（2）主要品种　比利时兔、塞北兔、新西兰白兔和加利福尼亚兔等。

（3）繁育方式　纯种繁殖。

2. 采用经济杂交方式

（1）特点　利用杂种优势生产商品兔。

（2）优良的杂交组合　加利福尼亚兔和新西兰兔；加利福尼亚兔和比利时兔；比利时兔和青紫蓝兔；塞北兔和新西兰兔进行杂交。

（3）影响因素　杂交用父本、母本纯度越高，效果越好。

3. 配套系生产

（1）特点　是目前生产商品兔的最佳形式。

（2）种类　伊普吕（Hyplus）、齐卡、伊拉（Hyla）、艾哥（Elco）。

（3）要求组织化程度高。

4. 淘汰种兔　包括年龄过大、繁殖性能下降的公、母兔。育肥用的淘汰兔体况以中等偏下为佳。过肥或过瘦应尽快出售或屠宰。

（二）抓好断奶体重

幼兔育肥效果与早期增重呈高度正相关。凡是断奶体重大的仔兔，育肥期增重就快，同时容易抵抗断奶、育肥过程的应激，成活率高；反之，断奶体重越小，断奶后越难养，育肥期增重越慢。因此，要提高母兔的泌乳力，调整好母兔哺育仔兔数，抓好仔兔补饲关。要求仔兔 30 d 断奶体重：中型兔 500 g，大型兔和配套系 600 g 以上。

（三）过好断奶关

断奶兔直接进入育肥，容易引起疾病，甚至死亡。因此，要适时断奶，断奶后饲料、环境要相对恒定。如果断奶兔必须进入育肥笼，最好小群饲养，切不可一兔一笼；或打破窝别和年龄，实行大群饲养。断奶后 1～2 周内应饲喂断奶前的饲料，以后慢慢过渡到育肥料，否则容易出现消化道疾病。

（四）控制好育肥环境

1. 育肥笼的大小　育肥兔以笼养为宜，这样可减少寄生虫病、消化道病等的发生，有效提高育肥兔的成活率，同时提高育肥效果。育肥笼的面积一般为 0.5 m^2、0.25 m^2。在通风和温度良好的条件下，按 18 只/m^2 饲养；条件较差的以 12～15 只/m^2 为宜。

2. 育肥环境　温度适宜，安静、黑暗或弱光的环境有利于育肥。适于育肥的环境温度以 25 ℃最佳，湿度为 60%～65%。采用全黑暗或 4 W/m^2 的弱光，可促进育肥兔生长，改善育肥效果。

（五）狠抓饲料关

1. 营养水平　育肥用饲粮必须含有丰富的蛋白质、能量、适宜的粗纤维水平及其他营养成分。育肥用饲粮推荐营养水平为：粗蛋白 16%～18%，粗纤维 12%左右，消化能 11.3～12.1 MJ/kg。为了提高育肥效果，可使用一些生长促进剂，如兔宝Ⅰ号等。

2. 饲料形态　育肥饲粮以颗粒饲料（图 5-11）为宜。

图 5-11　颗粒饲料

（六）限制饲喂与自由采食相结合，自由饮水

饲养方式一般有两种：一种是定时定量的限制饲喂（图 5-12）；另一种是自由采食。对于幼兔，育肥前期采用定时定量为宜，育肥后期以自由采食方式为宜。淘汰种兔可采用自由采食方式供给充足的饮水。

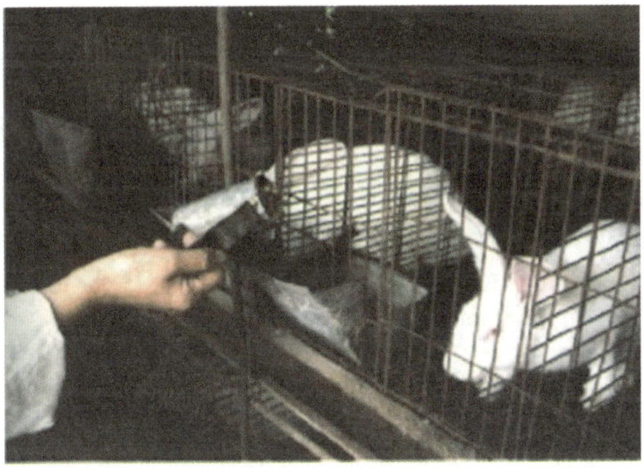

图 5-12　限制饲喂

（七）控制疾病

家兔育肥期易感染的主要疾病有球虫病、腹泻、巴氏杆菌病和兔瘟，因此做好这几种疾病的预防工作，是育肥成功的重要因素。育肥期间，如一旦发现病兔，要及时隔离治疗。

（八）适时出栏

育肥期的长短因家兔品种、饲粮营养水平、环境等因素而异。一般来说，肉兔育肥从断奶至3月龄约60 d。大型兔、配套系以最终体重达2.5 kg确定育肥期。中型兔以体重达2.25 kg为宜。淘汰兔以30 d增重11.5 kg为宜。冬季气温低，耗能高，不必延长育肥期，只要达到出栏最低体重即可。其他季节青饲料充足，气温适宜，兔子生长较快，育肥效益高，可适当增大出栏体重。当兔群已基本达到出栏体重，而此时环境条件恶化（如多种传染病流行，延长育肥期有较大风险），应立即结束育肥。80 d出栏，充分利用了肉兔早期增重快的特点。育肥期日增重45 g左右，料肉比3∶1，全进全出，年周转4.5次，笼舍利用率很高。

【专家提示】

（1）多数优秀肉用兔品种、皮肉用兔品种及肉兔配套系的商品兔在70～105日龄出栏，其快速生长期正在这一时间段，因此在参照以上幼兔饲养管理要求的同时，要以快速育肥要求的饲养管理方法进行。

（2）肉兔的快速育肥法要求：

①配套的笼具设施及较高标准的舍饲条件。

②全价颗粒饲料，成熟的饲养管理技术。高营养全价颗粒料蛋白质为18%，消化能10.5 MJ/kg，粗纤维12%。自由采食、饮水。

（3）高密度。平均每只兔占笼位面积0.06 m^2，减少活动量，提高饲料效率。

（4）弱光照。采取弱光照，以控制性成熟，促进发育。

（5）适宜温、湿度控制温度 15～20 ℃，相对湿度 60%～70%。

（6）快速育肥。7～9 周，育肥期饲料报酬为（2.8～3.0）：1。

（7）育肥兔舍采取全进全出制。仔兔断奶后直接转入育肥兔舍。

任务七　商品獭兔的饲养管理

一、饲养优良品系，开展杂交，利用杂种优势生产商品兔

目前生产獭兔皮有 2 条途径：一是优良纯系直接育肥，即选育优良的兔群，繁殖出大量的优良后代，生产优质兔皮；二是利用品系间杂交，生产优质獭兔皮。目前多采用以美系为母本、以德系或法系为父本进行经济杂交；或以美系为母本，先以法系为第一父本进行杂交，杂种一代的母本再与德系公兔进行杂交，三元杂交后代直接育肥。这 2 种方法均优于纯繁。

二、加强仔兔的管理

獭兔仔兔出生第 3 天起开始长绒毛，15 日龄被毛光亮；15～30 日龄被毛生长最快；60 日龄左右开始换胎毛；4～4.5 月龄，第一次年龄性换毛后，被毛光润，呈现标准颜色，也称皮毛成熟期，体重 2～2.5 kg；6～6.5 月龄，第二次年龄性换毛，换毛后屠宰，皮

张面积大，毛皮品质优良。

三、提高断奶体重

加强哺乳母兔的饲养管理，调整母兔哺乳仔兔数，适时补料，使仔兔健康生长发育，提高生长速度，最终获得较高的断奶体重，增加次级毛囊数，从而提高被毛密度。这对獭兔出栏体重、被毛质量具有良好的作用。一般要求仔兔 35 日龄体重达 600 g 以上。

四、营养水平前高后低

合格的商品獭兔不仅要有一定的体重和皮张面积，而且要求皮张质量即被毛的密度和皮板的成熟度良好。如果仅考虑体重和皮张面积，在良好的饲养条件下，一般 3.5～4 月龄即可达到一级皮的面积，但皮张厚度、韧性和强度不足，生产的皮张商用价值低。采用营养水平前高后低饲养模式，可节省饲料，降低饲养成本，而且生产的皮张质量好，皮下不会有多余的脂肪。

营养水平前高后低饲养模式：即断奶到 3 月龄提高饲料营养水平，粗蛋白达 17%～18%，消化能为 11.3～11.72 MJ/kg。目的是充分利用獭兔早期生长发育快的特点，发挥其生长的遗传潜力。根据试验研究表明，3 月龄前采用高能量、高蛋白饲料喂兔，獭兔 3 月龄体重平均可达 2.5 kg。4 月龄之后适当控制饲喂，一般有 2 种控制方法：一是控制质量，降低能量、蛋白质，如粗蛋白 16%，消化能为 10.46 MJ/kg；二是控制饲喂量，饲喂量较前期降低 10%～20%，而饲料配方与前期相同。据试验，5 月龄平均体重达 3.0 kg，而且皮张质量好。对于饲养水平较低的兔群，在屠宰前进行短期育肥饲养，不仅有利于迅速增膘，而且有利于提高皮张质量。

五、适时出栏、宰杀

出栏时间根据体重、皮毛质量、季节等而定。在正常情况下，5 月龄后体重达 2.75～3 kg，被毛平整，非换毛期，即可出栏、宰杀。

六、加强管理

饲养獭兔是为了获得优质兔皮，饲养期长达 6～8 月龄，这时皮张幅度大，被毛光滑平整，毛纤维浓密，板皮成熟，符合制裘皮的要求，属于优质板皮，能获得更好的经济效益。

1. 实行分小群饲养　断奶至 2.5～3 月龄的兔按大小强弱分群，每笼 3～5 只（笼面积约 0.5 m^2）。3 月龄以上兔必须单笼饲养（笼面积约 0.5 m^2）。

2. 兔舍、兔笼应保持清洁、干燥　尘土较大、空气污浊的场所不宜饲养商品獭兔。

3. 定期消毒，进行健康检查　兔舍、兔笼要定期消毒，及时治疗严重损害兔皮质量的毛癣菌病、兔痘、坏死杆菌病、疥螨病、兔虱病、湿性皮炎和脓肿等。

【注意事项】

（1）獭兔取皮通常因市场需求分两个月龄段，一是 4.5～5 月龄即第一次年龄性换毛后。二是 6～6.5 月龄即第二次年龄性换毛后。养殖场可根据市场上皮价的差异，灵活决定取皮的时间。

（2）中小型养殖场户，应根据自己的设施设备条件、管理水平灵活决定取皮的时间，不要盲目追求皮张大而增加饲养期，反而效益不高。

任务八　长毛兔的饲养管理

长毛兔的主要生产性能指标是产毛量，影响兔毛产量和品质的因素有遗传因素、体重因素、性别因素、年龄因素、剪毛间隔时间因素、环境温度因素和饲养管理因素等，其中饲养管理因素为主要因素。长毛兔的饲养管理与其他兔基本相似，但是又具有特殊性。

一、种公兔的饲养管理

（1）非配种期的种公兔因生理负担不重，只需保持中等营养水平即可。蛋白质水平在12%左右和足够的维生素，每日每兔供给精料 80～100 g，青饲料 800～1 000 g，冬季每日每兔供给精料 100～120 g，青干草最好制成草粉与精料混合拌湿饲喂。

（2）配种期的种公兔生理负担重，应注意营养的全面性和长期性，特别是蛋白质、无机盐、维生素等。应在配种前 15～20 d 调整日粮配方，配种旺期要适当补充动物性饲料。

二、种母兔的饲养管理

种母兔是兔群的基础，负担着妊娠、产仔、哺乳和产毛等多种任务，营养消耗大，特别是妊娠后期和哺乳期，更应加强饲养管理。

（一）空怀期

由于哺乳期消耗大量营养物质，饲养上营养要全面，要供给充足的优质青草和少量精料，保持中上等膘情。对长期不发情的母兔应改善饲养管理条件，并可利用人工催情技术。

（二）妊娠期

除维持母兔本身营养需要外，还需满足胚胎、乳腺发育和生长毛需要。妊娠前期（即妊娠后 1～18 d）饲养水平稍高于空怀母兔；妊娠后期（即妊娠后 19～30 d）因胎儿增长速度很快，需营养物质多，饲养水平应比空怀母兔高 1～1.5 倍。在自由采食青饲料的情况下，每天每兔喂精料应不低于 100 g。冬春季节，最好饲喂全价饲料，自由采食。

（三）哺乳期

母兔分娩后即进入哺乳期，长毛兔哺乳期一般为 40～50 d。

（1）要加强饲养，必须供给母兔营养丰富和容易消化的饲料，保证供给充足的蛋白质、无机盐和维生素。饲料要新鲜、清洁，适口性好。夏秋季节每天可饲喂青绿饲料 1 000～1 500 g，混合精料不低于 100 g；冬春季节最好饲喂全价饲料，自由采食。兔毛产量与兔毛密度密切相关，兔毛密度又取决于毛囊数。次级毛囊的分化主要在母兔妊娠后期及仔兔出生后早期，故加强母兔妊娠后期及哺乳期的饲养，加强仔兔的补饲，是增加毛囊数的重要措施。

（2）要精心管理，哺乳母兔和仔兔最好分开饲养。

（3）要预防母兔乳腺炎。乳腺炎多因母兔泌乳过多、乳汁过浓，或因仔兔太少、乳汁过剩，或母兔泌乳不足、仔兔过多引起争食咬伤乳头所致。对泌乳过多产仔少的可采取寄养法；对奶水不足的母兔，可加喂黄豆、米汤或红糖水，也可喂“催乳片”。产后 1 周内，每次喂奶后要检查母兔乳房，看乳汁是否排空，发现乳房有硬块要立即按摩；乳头有破裂需及时涂擦碘酊和内服消炎药。

（4）要搞好笼舍卫生，经常检查笼底板的安全状态。

（四）青年兔的饲养管理

从3月龄至初配前的未成年兔称为青年兔，又叫育成兔或后备兔。其生长发育快，采食量增加，抗病力增强，死亡率降低，是长毛兔一生中最容易饲养的阶段。

（1）日粮中以青粗饲料为主，适当补给精饲料，一般日喂混合精饲料50～70 g，青饲料500～600 g。5月龄以后的青年兔应适当控制精料以防过肥而影响种用。由于青年兔是长肌肉、长骨骼的阶段，应特别注意无机盐类饲料的补充。

（2）性成熟早的青年兔在3～4月龄就会发情，为防止早配，必须把公兔和母兔分开饲养。

三、商品长毛兔的饲养管理

（一）商品长毛兔的饲养

（1）商品长毛兔的营养需要量随采毛和毛生长周期而变化，采毛后第1个月采食量最大，第3个月毛纤维生长最快、营养需求最多，第3个月毛纤维生长缓慢，采食量相应减少，第3个月末毛纤维生长几乎停止，因此要根据毛的生长需求，及时调整饲料供给量。

（2）商品长毛兔宜喂青饲料，不宜饲喂干草和干粉料，因为草屑和粉尘会污染毛纤维，造成毛的品质下降。商品长毛兔最理想的饲料是全价颗粒饲料。

（二）商品长毛兔的管理

1. 笼具质量和单笼饲养　长毛兔的被毛生长快又长，通常在10 cm以上，很容易缠结和污染，因此要求商品长毛兔要单笼饲养，宜使用水泥板结构的兔笼，不宜使用铁丝网结构的兔笼。

2. 保证营养供给 丰富且均衡的营养有利于兔毛的生长。兔毛的基本成分是角蛋白，其中硫占4%左右（以胱氨酸形式存在）。因此，足量蛋白质和含硫氨基酸的供给是提高兔毛生长速度和产毛量的重要物质基础。长毛兔饲粮中，粗蛋白应占17%左右，含硫氨基酸含量不低于0.6%。

试验证明，产毛兔不能调节日采食量，任其自由采食，采毛后的采食量可达500 g，极易导致营养紊乱（如肠毒血症）。因此，建议两次采毛之间采用以下限制饲养方案。

第1个月：每只兔每周1 200 g；

第2个月：每只兔每周1 100 g；

第3个月：每只兔每周1 000 g。

3. 及时梳毛 梳毛的目的是防止兔毛缠结，提高兔毛质量，也是积少成多地收集兔毛的方法。梳毛采用金属梳或木梳，顺序是颈后、两肩、背、体侧、臀、尾、后肢，再提起两耳及颈皮，梳前胸、腹、大腿两侧、额、颊及耳毛。

4. 适时采毛 剪毛（图5-13）是采毛的主要方法。一般以年剪毛4～5次为宜。养毛期90 d可获特级毛、70～80 d可获一级毛、60 d可获二级毛。剪毛方法一般采用专用剪毛剪，也可用理发剪。剪毛顺序为背中线、体侧、臀部、颈部、颌下、腹部、四肢、头部。剪毛应按长度、色泽及优劣程度分别装箱，毛丝方向最好一致。常用的采毛台有长方形（图5-14）、圆形（图5-15）等。

拔毛（图5-16）是一种重要的采毛方法。优点是可促进毛囊增粗，粗毛比例增加，优质毛比例可提高40%～50%，粗毛率提高8%～10%；可促进皮肤代谢机能和毛囊发育，加速兔毛生长，提高毛产量8%～12%。拔毛方法：拔长留短，适于寒冷或换毛季节，每隔30～40 d拔毛一次；全部拔光，适合温暖季节，每隔70～90 d

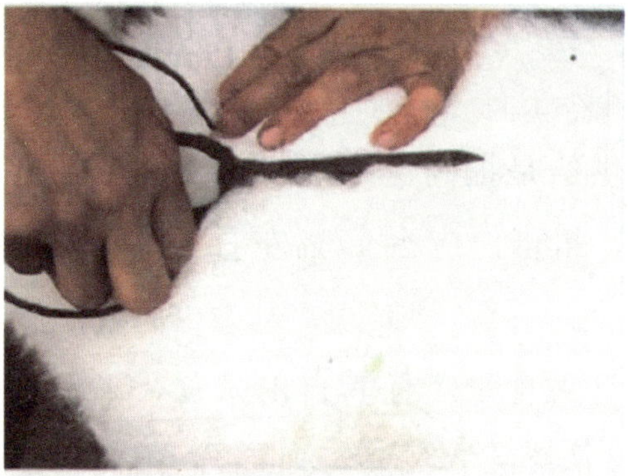

图 5-13　剪毛

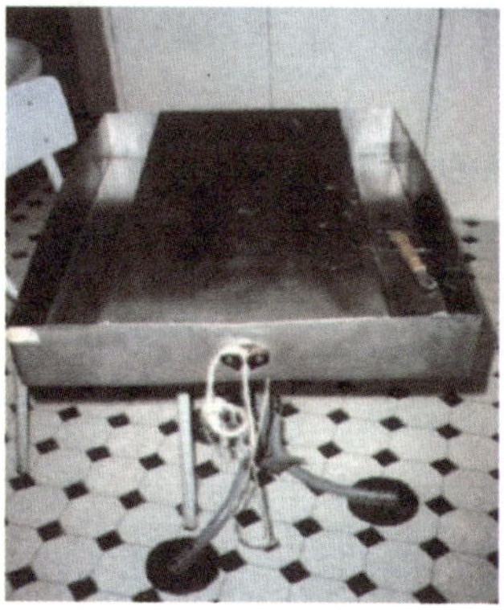

图 5-14　长方形采毛台

拔一次。拔毛时先梳理被毛，再用左手固定兔子，右手拇指将兔毛按压在食指上均匀用力拔取一小撮。

图 5-15　圆形采毛台

图 5-16　拔毛

5. 剪毛期管理　长毛兔剪毛以后环境发生了很大的变化，管理工作的重点必须转移到预防毛兔呼吸道、消化道及皮肤疾病方面。剪毛在晴朗和气温较高的天气进行，剪毛后适当保温和增温；剪毛是一种较大的应激，在剪毛前后，可在长毛兔的饮水中投放抗应激药物，如维生素 C、复合多维；为预防感冒可在饲料中添加中药抗感冒制剂，对于有皮肤病的兔场，剪毛后一周进行药浴效果最佳。

6. 控制好环境温度　适宜的温度可以提高产毛量。相反，高温影响采食量，产毛量也随之下降。据测定，环境温度高于 30 ℃时（与 18 ℃时相比较），长毛兔的产毛量下降幅度为 14%，兔的采食量下降 31%。

【专家提示】

（1）合理的剪毛方法可促进兔毛生长，提高兔毛质量。

（2）采集的兔毛要注意保管。因兔毛的质量是按毛纤维的“长白、松净”程度来分级的。兔毛易缠结、受潮、虫蛀，日晒后又易变脆。因此，收集后的兔毛应装入木柜或纸箱，避免重压，不宜多翻动以免缠结，最好用塑料布衬垫箱体内壁。兔毛切忌在阳光下暴晒，可用纱布袋装的樟脑丸或其他防虫剂，放在墙角等阴凉通风处，应注意防潮。此外，保管兔毛还应注意防鼠防尘。

（3）要积极推广长毛兔的拉毛技术，从而提高兔毛的长度、密度、生长速度和粗毛率，缩短采毛周期，提高采毛次数，拉毛比剪毛平均提高一个等级，可增加收入 25%～30%。拉毛的方法有 2 种：一是拔长留短，二是拔光毛。一般采取拔光毛的方法，毛兔生长 60 d 左右即剪第一次毛，即胎毛，不宜拔，以后每 70～90 d 就可以拔光毛 2 次，此法适宜于春秋换毛季节。

任务九　家兔的日常管理

一、捉兔方法

捕捉家兔是日常管理中常用的手段，如兔病的检查治疗、防疫注射、发情鉴定、配种、摸胎、兔群的周转、兔体的测量、毛兔的剪毛、种兔的编号等。正确的捉兔方法是在兔安静状态下先用手顺毛抚摸兔体，待兔不感到惊恐时，以一手抓住双耳和颈皮轻轻提起，另一手立即托起兔的臀部并使兔的重量主要落在托臀的手上，为避免兔抓伤人，可把兔的四肢朝外或朝向侧面。为避免怀孕母兔流产，可一手抓两耳及颈皮后，另一手从兔的腹下穿过将兔托起。切忌抓兔的耳朵，更不宜抓兔的前后肢（图 5-17，图 5-18）。

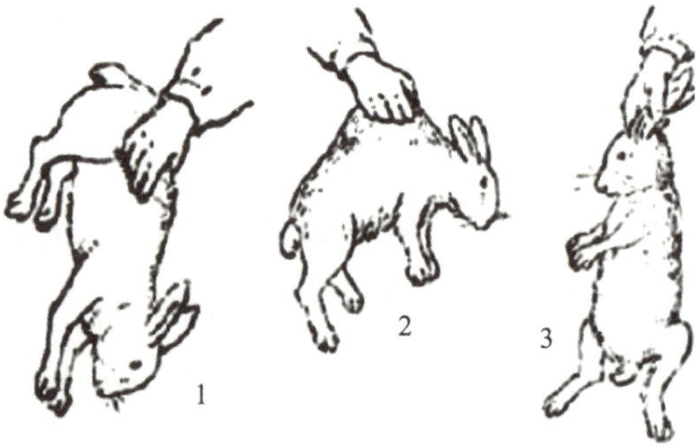

图 5-17　错误的捉兔方法

图 5-18　正确的捉兔方法

二、家兔年龄鉴别

经营管理规范的种兔场都有完整的出生记录和种兔档案，但是对没有记载的需要进行大致的年龄鉴定，家兔的门齿和爪是鉴别其年龄的主要依据。

（1）青年兔的门齿洁白短小，排列整齐；老年兔的门齿暗黄，长而厚，排列不整齐，有时有破损。

（2）从兔趾爪的颜色、长度来判断。白色兔在仔幼兔阶段，爪呈肉红色，尖端略发白，1 岁时爪肉红色和白色的长度基本相等；1 岁以上白色的长于红色的。

（3）有些家兔从趾爪颜色上不易区别，可根据爪的长度和弯曲情况来鉴别。青年兔的爪较短且平直，隐藏在毛中，随年龄的增长，爪逐渐露出于脚毛外，并且年龄越大，爪越长且越来越弯曲。

三、家兔性别鉴定

（1）仔兔出生后需作性别鉴定时，一般通过观察其阴部生殖孔形状以及与肛门之间的距离来加以鉴别。断奶后的仔兔，主要检查其生殖器的外形，公兔为圆柱状突起，呈“O”形开口；母兔则呈“V”状尖叶形，下端裂缝延到肛门，无明显突起。

（2）3 月龄以上的兔鉴别时比较容易，方法是：右手抓住兔耳和颈皮，左手中指和食指夹住兔尾，手掌托起兔臀部，用拇指推开生殖孔，其口部突出呈圆柱状是公兔，若呈尖叶形是母兔。

四、公兔去势

凡不留种的公兔，一般在其性成熟时进行去势。去势的公兔性情温驯，便于管理，同时可提高生产性能。

1. *阉割法*　可先将去势的公兔进行催眠，然后将家兔仰卧保定，同时顺着毛纤维的方向抚摸胸部、腹部、头侧面部，太阳穴部，使兔进入睡眠状态，此时消毒阴囊，然后沿阴囊纵向切约 1 cm 长的小口，随即挤出并摘除睾丸，伤口涂碘酒，一般 3～4 d，伤口可愈合。

2. 结扎法　实行催眠术，将睾丸捏住，然后用线或橡皮筋将睾丸连阴囊扎紧，阻断供血，几天后睾丸即坏死，枯萎脱落。

3. 化学法　化学法是以可使睾丸组织蛋白变性的化学药物注入睾丸，使睾丸组织停止发育，不能产生雄性激素，从而达到去势的目的。常用的化学法有以下 3 种：

（1）7%～8%的 $KMnO_4$ 溶液，1.5 mL/只，用注射器刺入睾丸中部注入。

（2）10 g $CaCl_2$＋100 mL 水＋1 mL 甲醛，1～2 mL/只，用注射器刺入睾丸中部注入。

（3）3%碘酒，1～2 mL/只，用注射器刺入睾丸中部注入。

3 种去势方法比较：药物去势操作简单，没有感染的危险，但有个别去势不彻底的缺点；结扎法有睾丸肿胀和疼痛时间长的问题；阉割法有伤口感染的可能。

五、编刺耳号

对于种兔场和家兔育种场，兔的耳号既是它们的名字，也包含了它们的许多身份信息，如品种、品系和父母等。通常编刺耳号（图 5-19，图 5-20）在仔兔断奶时或断奶前进行。

1. 单耳编号法　在一侧耳朵编号，单号表示公兔，双号表示母兔。

2. 双耳编号法　一般是右耳编出生年月号码，左耳编日期和兔序号，公兔用单序号，母兔用双序号。

3. 刺号方法　先酒精消毒，避开较大血管，用耳号钳钳上号码，然后涂上醋墨（墨汁与食醋比例为 1∶1），揉捏几下，使墨汁渗入字眼即可。

图 5-19 编刺耳号（1）

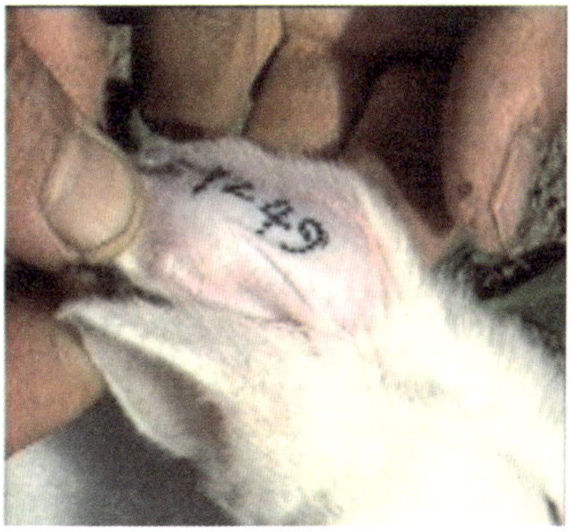

图 5-20 编刺耳号（2）

【专家提示】

喷码耳标牌，目前许多养兔场使用喷码耳标牌，喷码耳标牌需专门订制，操作简单，但是存在断奶兔挂牌耳朵耷拉、耳标牌的字码时间久而不清晰的缺点。

六、家兔的体尺测量、称重

1. 体长　从鼻端到尾根的直线距离。

2. 胸围　从两肘关节后缘，通过肩胛骨处的胸部周长。

3. 体重　初生重、21 日龄窝重、断奶重、2 月龄重、70 日龄重、90 日龄重、种兔初配体重、种兔体重等指标。

项目六

常见兔病防治技术

任务一　兔场疫病综合防控措施

一、兔病发生的基本规律

（一）兔病发生的原因

疾病是机体与外界致病因素相互作用而产生的损伤与抗损伤的复杂的斗争过程。这个过程中，机体对环境的适应能力降低，家兔的生产能力下降。兔病发生的原因一般可分为外界致病因素和内部致病因素两大类。

1. 外界致病因素　指家兔周围环境中的各种致病因素，包括生物性致病因素、化学性致病因素、物理性致病因素、机械性致病因素和其他因素。此外，应激因素对疾病发生的意义也日益受到重视。

2. 内部致病因素　兔病发生的内部因素主要是指兔体对外界致病因素的感受性和抵抗力。机体对致病因素的易感性和防御能力与机体的免疫状态、遗传特性、内分泌状态、年龄、性别和兔的品种等因素有关。

（二）兔病发生的特点

1. 抗病力差　与其他动物相比，家兔体小、抗病力差，容易患病，治疗不及时死亡率高。单个家兔经济价值较低，因此在生产中必须贯彻“防重于治”的原则。

2. 消化道疾病发生率较高　家兔腹壁肌肉较薄，且腹壁紧贴地面，若所在环境温度低，常导致腹壁着凉，肠壁受冷刺激时，肠蠕动加快，特别容易引起消化机能紊乱，引起腹泻，如果不及时控制，极易导致大肠杆菌、魏氏梭菌等消化道疾病的发生。为此，应保持家兔所在环境温度相对恒定。

3. 拥有类似于牛、羊等反刍动物瘤胃功能相似的盲肠　其中微生物区系易受饲养管理的影响，造成消化机能紊乱，家兔属小型食草动物，对饲草料的消化主要依靠盲肠微生物来完成。因此，加强饲养管理，保持兔盲肠内微生物区系相对恒定，是降低兔消化道疾病发生率的关键。在生产中要坚持“定时、定量、定质，更换饲料要逐步进行”的原则。同时，使用抗生素预防和治疗过程中，慎重选择抗生素种类、给药方法、剂量和使用持续时间。如果使用不当，极易导致肠道中微生物区系变化，引起消化机能紊乱，甚至诱发魏氏梭菌病等。家兔疾病治疗中禁止使用的抗生素主要有林可霉素、克林霉素等。

4. 仔兔、幼兔怕冷、大兔耐寒怕热　家兔汗腺不发达，高温季节要注意热应激的发生，仔兔、幼兔要保持兔舍和巢箱内较高的温度。

5. 易发生脚皮炎、创伤性脊柱　骨折等一般疾病。

6. 家兔抗应激能力差　气候、环境、饲料配方、饲喂量、笼位等突然变化，往往极易导致家兔发生疾病。因此，在生产的各个环节要尽量减少各种应激，以保障兔群健康。

二、兔病综合防控技术措施

兔病防控是一项系统工程，由以下环节组成，忽视任何一个环节，都会使兔病得不到有效防控。

（一）加强饲养管理

（1）重视兔场、兔舍建设，创造良好的生活环境，兔场规划、建设除满足家兔生理特性外，还应注意卫生防疫。给家兔提供良好的生活环境，保持适宜的温度、湿度、光照和通风换气。夏防暑、冬防寒、春秋防气候突变，四季防潮湿，以获得较高的生产水平，保证兔群健康。

（2）合理配制饲料，饲喂要定时、定量、定质，更换饲料要逐步进行。目前我国已研制出家兔定时定量自动饲喂系统。国外多用自动饲喂系统，多采用自由采食模式，要求必须按照自由采食的方式进行饲料配方设计。

（3）按照家兔不同生理阶段实行科学的饲养管理。由于家兔生理阶段不同，其营养需要和管理要求也不尽相同。

（4）加强选种，制订科学的繁育计划，降低遗传性疾病的发病率。遗传性疾病是由遗传因素所决定的，并非由外界因素（如致病微生物、饲料、环境等）所致。选种时严格淘汰，如出现牙齿畸形、八字腿、白内障、垂耳畸形、侏儒、震颤、脑积水、隐睾、癫痫、缺毛等个体应予淘汰。同时制定科学的繁育计划，避免近亲繁殖，以提高后代的生产性能和抗病力，降低群体遗传性疾病的发病率。

（5）培育健康兔群，培育无特定病原群，是保障兔群健康发展的基础。

（二）坚持自繁自养

慎重引种。养兔场（户）应使用自己选育的优良公、母种兔进行配种繁殖，这样既可以降低养兔成本，又能防止引种带入疫病。必须引进新的品系、品种时，只能从非疫区购入，经当地兽医部门检疫，并发给检疫合格证，再经本场兽医验证、检疫、隔离饲养，确认健康者，方可进入生产区混群饲养。

涉及进口的家兔，按《中华人民共和国进出境动植物检疫法》执行，重点检疫兔瘟、黏液瘤病、魏氏梭菌病、巴氏杆菌病、密螺旋体病、野兔热、球虫病和螨病等疾病。

（三）减少各种应激因素的影响

应激反应是指在一定条件下能使家兔产生一系列全身性、非特异性的反应。生产中，应尽量减少应激因素，或将应激强度、时间降到最低。如仔兔断奶在原笼中饲养数日，断奶、刺号间隔进行，饲养密度不宜过大，饲料配方变化逐渐进行，严禁生人或野兽进入兔群等。饲粮中添加维生素 C，可降低家兔的应激反应。

（四）建立卫生防疫制度并认真贯彻落实

1. 进入场区要消毒　在兔场和生产区门口及不同兔舍间，设消毒池或紫外线消毒室。

2. 场内谢绝参观　禁止其他闲杂人员和有害动物进入场内。

3. 搞好兔场环境卫生　定期进行清洁消毒。饲养人员要注意个人卫生，结核病人不能在养兔场工作。保持舍内温度、湿度、光照适宜，空气清新、无臭味、不刺鼻。兔笼、饲喂器、饮水器、引水管和产箱等应保持清洁。粪便要生物发酵消毒处理。粪便经 30 d 左右生物发酵，方可作为肥料使用。

4. 杀虫灭鼠防兽，消灭传染媒介　蚊、蝇、虻、蜱、跳蚤、老鼠等是许多病原微生物的宿主和携带者，能传播多种传染病和寄生虫病，兔舍与外界所有相通的地方要安装纱网，防止蚊蝇进入，同时要设法消灭老鼠。犬、猫、狐狸等动物易传播许多疾病，如豆状囊尾蚴、弓形虫病等，且易造成惊群。因此养兔场应禁止饲养犬、猫等动物，必须饲养时需加强管理，并对其进行定期检疫和驱虫。

5. 严格执行消毒制度　消毒时要根据病原体的特性、被消毒物体的性能和经济价值等因素，合理选择消毒剂和消毒方法。

（1）兔舍消毒　应先彻底清除剩余饲料、垫草、粪便及其他污物，用火焰对兔毛等进行焚烧，然后用清水冲洗干净，待干燥后进行药物消毒。可选用的消毒药物有：2%热烧碱水溶液、20%～30%热草木灰水溶液、5%～20%漂白粉水溶液、10%～20%石灰乳、4%热碳酸钠水溶液、0.05%百毒杀等。当用腐蚀性较强的消毒药消毒后，必须用清水冲洗，待干燥后才能饲养兔。

（2）场地消毒　在清扫的基础上，除用上述消毒药外，还可选用5%来苏儿、1%～3%农福、2.5%～10%优氯净、2%～4%福尔马林水溶液、0.5%过氧乙酸等。

（3）兔笼及用具　应先将污物去除，用清水洗刷干净，干燥后再进行药物消毒。金属用具可用0.1%新洁尔灭、0.1%洗必泰、0.1%度米芬、0.1%消毒净或0.5%过氧乙酸等消毒。木制品消毒可用1%～3%热烧碱水、5%～10%漂白粉水、0.1%新洁尔灭、0.5%过氧乙酸、0.1%消毒净、0.5%消毒灵、0.03%百毒杀或5%优氯净等。兔笼、产箱等耐火焰的用具用火焰消毒效果最好。

（4）仓库消毒　常用5%过氧乙酸溶液、福尔马林熏蒸消毒。

（5）毛皮消毒　常用环氧乙烷等消毒。

（6）医疗器械消毒　除煮沸或蒸汽消毒外，常用药物有0.1%

洗必泰、0.1%新洁尔灭、0.05%消毒灵（加亚硝酸钠 0.5%）、0.1%度米芬水溶液。

（7）工作服、手套 可用肥皂水煮沸消毒或高压蒸汽消毒。

（8）粪便及污物 可采用烧毁、掩埋或生物热发酵等。

6. 制定科学合理的免疫程序并严格实施 免疫接种就是用人工的方法，把疫苗或菌苗等注入家兔体内，从而激发兔体产生特异性抵抗力，使易感的家兔转化为有抵抗力的家兔，以避免传染病的发生和流行。

（1）家兔常用疫苗 目前家兔常用疫苗种类、使用方法等见表6-1。

表 6-1 常用疫苗种类和使用方法

疫(菌)苗名称	预防的疾病	使用方法及注意事项	免疫期
兔瘟灭活苗	兔瘟	30～35 日龄初次免疫，皮下注射 2 mL；60～65 日龄二次免疫，剂量 1 mL，以后每隔 5.5～6.0 个月免疫 1 次，5 d 左右产生免疫力	6 个月
巴氏杆菌灭活苗	巴氏杆菌病	仔兔断奶免疫，皮下注射 1 mL，7 d 后产生免疫力，每兔每年注射 3 次	4～6 个月
波氏杆菌灭活苗	波氏杆菌病	母兔配种时注射，仔兔断奶前 1 周注射，以后每隔 6 个月皮下注射 1 mL，7 d 后产生免疫力，每兔每年注射 2 次	6 个月
魏氏梭菌(A 型)氢氧化铝灭活苗	魏氏梭菌性肠炎	仔兔断奶后即皮下注射 2 mL，7 d 后产生免疫力，每兔每年注射 2 次	6 个月
伪结核灭活苗	伪结核耶尔森氏菌病	30 日龄以上兔皮下注射 1 mL，7 d 后产生免疫力，每兔每年注射 2 次	6 个月
大肠杆菌病多价灭活苗	大肠杆菌病	仔兔 20 日龄进行首免，皮下注射 1 mL，待仔兔断奶后再免疫 1 次，皮下注射 2 mL，7 d 后产生免疫力，每兔每年注射 2 次	6 个月

续表6-1

疫(菌)苗名称	预防的疾病	使用方法及注意事项	免疫期
沙门菌灭活苗	沙门菌病(下痢和流产)	怀孕初期及 30 日龄以上的兔,皮下注射 1 mL,7 d 后产生免疫力,每兔每年注射 2 次	6 个月
克雷伯菌灭活菌	克雷伯菌病	仔兔 20 日龄进行首免,皮下注射 1 mL,仔兔断奶后再免疫 1 次,皮下注射 2 mL,每兔每年注射 2 次	6 个月
葡萄球菌病灭活苗	葡萄球菌病	每兔皮下注射 2 mL,7 d 后产生免疫力	6 个月
呼吸道病二联苗	巴氏杆菌病,波氏杆菌病	怀孕初期及 30 日龄以上的兔,皮下注射 2 mL,7 d 后产生免疫力,母兔每年注射 2～3 次	6 个月

(2) 免疫接种类型

①预防接种　为了防患于未然,平时必须有计划地给健康兔群进行免疫接种;

②紧急接种　在发生传染病时,为了迅速控制和扑灭疫病的流行,而对疫群、疫区和受威胁区域尚未发病的兔群进行应急性免疫接种。实践证明,当兔群发生兔瘟、魏氏梭菌等传染病时,紧急接种相应的疫苗,可在短期内控制和扑灭疫病。

7. 有计划地进行药物预防及驱虫　应用药物预防疾病,是重要的防疫措施之一。尤其在某些疫病流行季节之前或流行初期,将安全、有效的药物加入饲料、饮水或添加剂中进行群体预防和治疗,可以收到显著的效果。

8. 加强饲料质量检查,保证饲喂和饮水卫生,预防中毒病　俗话说"病从口入",因此,饲料从采购、采集、加工到保存、利用等各个环节,要加强质量和卫生检查与控制。

(1) 药物中毒　主要有驱虫药物中毒和其他磺胺类、呋喃类、抗生素、抗球虫药物中毒。常见的有土霉素、马杜拉霉素、氯苯胍等中毒。预防措施有：

①严格按药物说明书使用，剂量要准确，不能随意加大用药量和用药时间；

②加入饲料中的药物要充分搅拌均匀；

③预防和治疗疾病尽量避免用治疗量与中毒量相近的药物，如抗球虫病禁止使用马杜拉霉素等。

（2）饲料中毒　常见的有棉籽饼、菜籽饼、马铃薯和食盐等中毒。防止中毒的措施有：

①控制用量，家兔饲粮中棉籽饼、菜籽饼以不超过5%为宜，不用发芽、发绿和腐烂的马铃薯等；

②脱毒。

（3）霉变饲料中毒　霉变饲料中毒在养兔生产中频频发生。防止措施有：

①收集、选购饲料时要严格进行质量检查；

②贮放饲料间要干燥、通风，温度不宜过高，控制饲料中水分含量，以防饲料发生霉败；

③添加防霉剂，常用的有丙酸、丙酸钠、延胡索酸、克霉、霉敌、万保香等；

④饲喂前要仔细检查饲料质量；

⑤炎热季节，每次给兔加料量不宜太多，以防饲槽底积料发霉。

（4）有毒植物中毒　常见的有毒植物有：毒芹、乌头、曼陀罗、毒人参、野姜和高粱苗等。防止措施：

①了解本地区的毒草种类；

②提高饲喂人员识别毒草的能力；

③凡不认识或怀疑有毒的植物，一律禁喂。

（5）农药中毒

①妥善保管好农药，防止饲料源被农药污染；

②严格控制青饲料的来源，采集青饲料的工作人员要有高度的责任感，不用喷洒过农药的饲料作物或青草饲喂，对可疑饲料坚决不喂；

③用上述药品治疗兔体外寄生虫病时，要严格遵守使用规则，防止中毒。

（6）灭鼠药中毒 灭鼠药毒性大，家兔误食后可引起急性死亡。故应注意：

①在兔舍放置毒鼠药时，要特别小心，勿使家兔接触或误食；

②饲料加工间内严禁放置灭鼠药，以防混入饲料；

③及时清除未被鼠类采食的灭鼠药，以防污染饲料、饮水等。

9. 细心观察兔群，及时发现疾病，及时诊治或扑灭 养兔实际生产中，饲养人员要和兽医人员密切配合，结合日常工作，注意细心观察兔的行为变化，并进行必要的检查，发现异常，及时诊断和治疗。

【注意事项】

（1）通常消毒药所配的浓度越高，杀毒能力越强，消毒药的毒性就越大，因此要慎重提高浓度。

（2）通常消毒环境的温度越高，消毒效果越好，兔舍密闭越好、越卫生干净，消毒越彻底。

（3）甲醛溶液、次氯酸钠溶液具有很强的刺激性，适合给空兔舍消毒。

（4）市售的许多疫苗对兔的保护期不及说明的长，因此应适当缩短两次免疫的间隔。

（5）一定要注意各种疫苗的保存条件以及有效期。

（6）市售的许多兔瘟二、三联疫苗对兔瘟的保护性较差，必须在兔瘟的单联苗免疫后，方才可靠。

【专家提示】

要树立现代养兔理念，兔病预防是兔场管理的重要环节，并做到“四防五及时”，即“夏季重点防球虫，早春晚秋重点防巴氏杆菌，冬季重点防仔兔冻伤，常年重点防兔瘟和疥癣”；“发现疫情及时报告，及时隔离，及时诊断，及时治疗，及时处理”。同时建立定期消毒制度。

三、家兔疫病的临床诊断技术

（一）病兔临床诊断的步骤

首先调查和了解发病的原因与经过，然后对病兔进行详细客观的检查，以便搜集到全面的症状、材料，从而得到感性认识。在此基础上，将所得到的症状、材料加以综合、分析、推理和判断，做出初步诊断。同时再结合兔群的饲养管理规程、饲料与饮水状况、检疫记录、兔舍环境卫生状况、病历记录及病史记录等资料进行综合分析，这样才能使最后做出的诊断准确、合理。

（二）病兔的临床诊断内容

1. 体格发育和营养状态的检查

（1）体格发育良好的家兔，其躯体各部匀称，肌肉结实；发育不良的家兔，则躯体矮小，结构不匀称，在幼兔阶段，发育迟缓或发育停滞。

（2）营养良好的家兔肌肉丰满，被毛光滑，骨骼棱角不突出，营养不良时表现消瘦，被毛粗乱无光泽，皮肤缺乏弹性，骨骼外露明显。一般健康的发育良好的家兔，在其肩部、背部或后躯看不出任何骨质突起，同时触摸这些区域的肌肉有坚实感。宽而深的胸、宽的背和腰是家兔发育良好和体质强壮的标志。家兔的胸越宽越深，其肺脏和心脏的发育就越良好。窄胸的兔体质上一般较弱，容易患病。

2. 姿势的检查　家兔在安静时或运动过程中保持着相应的姿势。健康的家兔，姿势自然，动作灵活而协调。健康的家兔蹲伏时，前肢伸直并互相平行，后肢置于体下，起支撑体重的作用。走动时轻快敏捷。除采食外，大部分时间都在睡眠和休息。夏天常倒卧、伏卧和伸长四肢，冷天则蹲伏，全身成蜷缩状态。休息时处于完全醒觉，眼张开，呼吸动作明显。假眠时则眼半闭，呼吸动作较轻微，稍有动静，立即睁眼醒觉。完全睡眠时，呼吸微弱，双眼全闭。如出现异常姿势（反常地站立、伏卧和运动姿势），则反映出中枢神经系统机能障碍、外周神经损害，以及骨骼、肌肉、内脏器官和四肢疾患。

3. 精神状态的检查　家兔的精神状态是衡量中枢神经机能的标志，可根据其对外界刺激的反应能力及行为表现而做出判定。健康家兔对外界反应机警，有轻微的声音会立刻抬头，两耳竖立，转动耳壳，小心地判断外界的情况。对其给予轻微的动作，会立即逃开。当中枢神经机能发生障碍时，由于兴奋与抑制过程的平衡遭到破坏，在临诊上表现为过度兴奋或抑制。

4. 皮肤的检查　健康家兔的皮肤是结实致密而有弹性的。被毛浓密、柔软，富于弹性而有光泽。被毛粗糙蓬乱无光泽，说明患病或体质不良。耳色粉红是健康的标志。如果耳色过红、苍白或蓝紫色，则提示血液循环状态不良。耳壳内存在黄褐色的、灰色的积垢，则意味着中耳炎或螨虫感染。其次要注意检查皮肤的完整性，如鼻端、眼圈、耳背、颈后及其他部位有没有脱屑、结痂（螨病、毛癣的症状)，短毛兔的后脚掌（或前脚掌）是否有红肿、溃疡。家兔的体表淋巴结是否明显。

5. 眼和结膜的检查　健康家兔眼睛明亮，活泼有神，如果呈现昏暗呆滞，则为患病或衰老的象征。一般眼角干燥、无分泌物，如发生结膜炎，则结膜红肿，流出不同性状的分泌物；当血液循环障碍和血液成分发生改变时，则眼结膜呈现潮红、苍白、发绀、黄染等颜色。

6. 体温、脉搏及呼吸数的测定　体温、脉搏及呼吸数是动物生命活动的重要指标。健康家兔的体温为 38.5～39.5 ℃；健康成年兔的脉搏为 80～100 次/min，幼兔为 100～160 次/min；健康家兔的呼吸次数为 38～65 次/min（平均约为 50 次），幼兔的呼吸次数65～85 次/min，仔兔可超过 100 次/min。通常这些指标小兔高于成兔，夏季高于冬季，下午高于上午。这些指标升高，多见于热性病及传染病，这些指标降低，是预后不良的表现。

7. 消化系统的检查　健康家兔食欲旺盛，吃得多而快，对正常的饲喂量一般在 15～30 min 吃完。食欲减退或废绝是许多疾病的共同症状，也是疾病最早的指征之一。首先要检查是否有流涎现象，粪便是否正常，是否有胃肠臌气。成年兔的正常粪球，为花生粒大小的圆粒，光滑匀称。如粪便干硬细小，或粪量减少，甚至停止排粪，是便秘的表现，多见于热性病或缺水。粪便呈长条形或呈堆，或稀薄甚至水样，则是肠道炎症的表现。粪球无光泽，表面粗糙是兔球虫感染的前期；粪球不规则，无光泽，颜色发深，是兔球虫的中度感染；粪便黑如烂泥、间或便秘，是兔球虫的重度感染。

8. 呼吸系统的检查　健康家兔鼻孔干燥，周围的毛是洁净的，呼吸动作自然均匀。如果鼻孔周围有泥土黏着，或流出鼻液，甚至打喷嚏、咳嗽，就提示传染性鼻炎、呼吸道感染；某些中毒病、急性传染病或肺炎，家兔表现呼吸困难，呼吸次数增多。

9. 泌尿生殖系统的检查　家兔每日排出的尿量较多，色泽淡黄透明，若尿量减少、黏稠、混浊、血尿或有沉淀，排除缺水原因外，多见于尿道、膀胱和肾脏的炎症。尿色加深多见于热性病。

10. 乳房的检查　乳头的数目和乳房的发育状况，反映母兔泌乳能力，一般有 8 个发育正常的乳头，或超过 8 个。检查时要注意乳头是否完整，乳房是否有肿胀和炎症发生。

【注意事项】

（1）家兔的健康状况与其所处的环境有着必然的联系，因此，掌握兔群的饲养管理规程、检疫记录、病例记录等资料，对诊断兔病会有很大的帮助。

（2）了解兔场的地形、位置、土壤特点、饲料与水质状况、兔舍建筑结构区域卫生条件等，有助于查明病因及疾病的发展规律。

四、家兔的给药方法

（一）口服法

对于有食欲或饮欲的家兔，可将药量较少又没有特殊气味的药制成粉剂或水剂加入饲料或饮水中，让病兔自然口服。对于病情严重、没有食欲的或者药物气味较大，可采用灌服法。灌药时，可把少量药液吸入注射器内，把注射器伸入口角，缓慢地推动注射器活塞注入药液，使病兔自行吞咽。为了防止吸入性肺炎，切勿注入太快。

（二）肌内注射法

通常选择在臀肌和大腿部肌肉的三角区内。经术部消毒后，用左手固定注射部位的皮肤，右手将针头刺入（稍微回抽，有阻力无回血），并慢慢注入药液。

（三）皮下注射法

选择组织疏松部位的皮下进行注射，通常选在两耳后与颈的背面所夹的三角区内。经剪毛消毒后，用左手拇指和食指将皮肤提起，右手持注射器，几乎与兔体保持水平，把针头迅速刺入皮下，再将药液注射进去，拔出针头，手感有囊状鼓起。

（四）耳静脉注射法

选择家兔两耳外缘的耳静脉为注射部位。剪毛消毒后，用左手把握兔耳，并压迫耳基部以扩张静脉，用右手持注射器，先与血管平行刺入皮肤，然后针头的斜面向上刺入静脉，回抽注射器，见有回血后，慢慢注射药液。注射时应注意，发现耳壳皮下隆起小泡，或感觉注射有阻力，说明没有注入血管内。注射完毕拔出针头，再以酒精棉球压迫局部，防止血液流出。

（五）直肠给药法

将家兔侧卧保定，用一条口径适中的橡皮管（如人用导尿管），在前端涂上润滑剂，缓慢插入肛门 1～3 cm（依兔的大小掌握），再接上吸有药液的注射器，把药液注入直肠内。药液的温度要与体温接近，不要过热或过冷，以免引起较大的应激。

（六）腹腔注射法

将家兔的后躯抬高，在腹中线左侧（离腹中线 3 mm 处）脐部后方，向着脊柱方向刺入针头，约 1 cm。最好是在家兔的胃和膀胱空虚时，进行腹腔注射比较适宜。此法一般在静脉注射困难又必须进行补液时采取。

（七）皮内注射法

皮内注射法是为了诊断和试验的需要。部位通常在腰部与肋部。术部剪毛并用脱毛剂除去剩余的被毛，然后涂擦消毒剂，使皮肤展平，用25号针头和结核菌素注射器小心刺入真皮。注射时手感有一定阻力，注射部位可形成一个黄豆大小的小包。

（八）外部敷涂法

通常用于兔体的体表外伤性感染的预防和治疗以及体表皮肤的病原性感染的治疗。在清理创面后，用75%的酒精消毒，然后将药物敷涂，常用药物有膏剂、粉剂和贴剂，然后再进行适当包扎。

（九）局部给药法

1. 滴鼻　通常用抗生素药水进行鼻炎的预防与治疗。药水呈点状缓慢滴入，防止兔吸入肺内。

2. 点眼　通常用抗生素药水（眼药水或眼药膏）进行结膜炎的治疗。

3. 药浴　通常用于长毛兔剪毛后，对体表寄生虫病和真菌病的预防。

【注意事项】

（1）细菌对磺胺类药物易产生耐药性，并对磺胺类药物之间可产生交叉耐药性，耐药期过后仍有敏感性，因此用药量要准确，首次用药加倍剂量，疗程一般为3～5 d。

（2）磺胺类药物能够治疗多种细菌感染，用于治疗消化道疾病，内服效果较好。

（3）磺胺类药物碱性强、刺激性大，宜深层肌内注射，静脉注射药缓慢，且不宜与大多数抗生素药物、B族维生素和维生素C混合使用。

（4）磺胺类药物毒性作用较大，因此在治疗肝肾疾病、中毒性疾病时不宜用。

【专家提示】

（1）家兔的健康状况与其所处的环境有着必然的联系，因此，掌握兔群的饲养管理规程、检疫记录、病例记录等资料，对诊断兔病会有很大的帮助。

（2）了解兔场的地形、位置、土壤特点、饲料与水质状况、兔舍建筑结构区域卫生条件等，有助于查明病因及疾病的发展规律。

任务二　家兔常见疾病的防治

一、传染病

（1）家兔传染病　凡由特异性病原体（如兔瘟病毒、兔巴氏杆菌）引起的具有一定潜伏期和临床症状，能够传染给健康兔群，产生相同临床症状的疾病称家兔传染病。无病原体感染的疾病称普通病。

（2）传染　病原体在某种因素的作用下侵入兔体内，在一定部位定居、生长繁殖引起兔体产生系列病理反应的过程称传染。

（3）传播　病原体从受感染的兔体内排出，经一定的途径传入另一个易感兔体发病称传播。可分为水平传播和垂直传播。

（4）家兔传染病的防治措施　以预防为主、防治结合、防重于治。

（一）兔病毒性出血症

兔病毒性出血症俗称兔瘟，是由兔出血症病毒引起的一种急性、高度接触性、败血性传染病。

1. 流行病学　传播途径主要是直接或间接接触。主要发生于2月龄以上的青年兔。本病一年四季均可发生，常呈爆发性，发病率可达70%～100%，死亡率高达90%～100%。

2. 症状　本病潜伏期为数小时至3 d，根据发病情况可分为最急性型、急性型和慢性型3种。

最急性型　病兔无任何前症而突然死亡，或仅在死前数分钟内突然尖叫、冲跳、倒地与抽搐，部分病兔从鼻孔流出泡沫状血液。

急性型　病兔出现体温升高（41～42 ℃），精神委顿，临死前病兔瘫软，不能站立，但不时挣扎，高声尖叫，抽搐，鼻孔出现泡沫性液体，死后呈角弓反张。

慢性型　多见于疫区或流行后期（图6-1）。潜伏期和病程较长，精神不振，采食减少，迅速消瘦，衰弱而死。有的可以耐过，但生长缓慢，发育受阻。

3. 病理变化　以呼吸系统出血、肝坏死、实质器官淤血、出血为主要特征（图6-2）。

4. 诊断　首选血凝和血凝抑制试验，取病死兔肝脏，处理后用红细胞做血凝试验和血凝抑制试验。如果血凝试验阳性且能够被抗兔病毒性出血症阳性血清所抑制，即可确诊。也可使用琼脂扩散试验、ELISA、RT-PCR等其他方法。

图6-1　兔病毒性出血症（1）

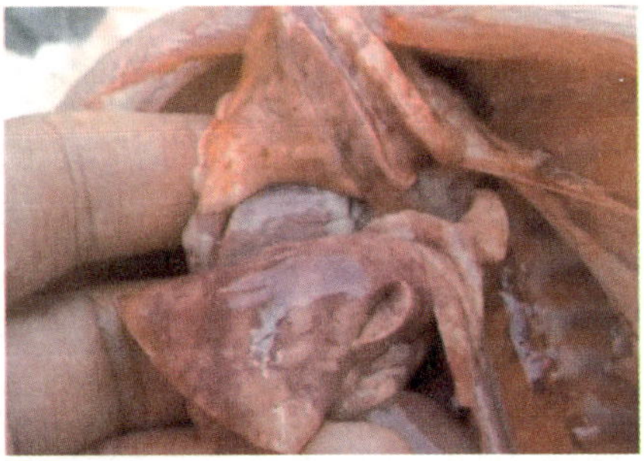

图6-2　兔病毒性出血症（2）

5. 防治 本病目前没有特效治疗药物，主要是预防本病的发生，做好日常卫生防疫工作，严禁从疫区引进病兔及被污染的饲料和兔产品，对新引种兔应做好隔离观察。灭活苗，一般 20 日龄首免，2 月龄加强免疫，以后每 6 个月免疫一次。

（二）传染性水疱性口炎

传染性水疱性口炎又叫流涎病，是由水疱性口炎病毒引起的一种急性传染病，以口腔黏膜水疱性炎症为主要特征。

1. 流行病学 发病率与死亡率较高，主要危害 1～3 月龄幼仔兔，以断乳后 1～2 周龄的仔兔最易感染，成年兔较少发生。多发于冬春季节。自然感染途径主要是消化道。健康兔因接触、食入病兔口腔分泌液或坏死黏膜污染的饲料、饮水而感染，饲料粗糙、多刺、霉烂、外伤等易诱发本病。

2. 症状 本病潜伏期 5～6 d，病初口腔黏膜潮红，随后病兔的唇、舌和口腔黏膜等部位出现粟粒大小的水疱。破溃后形成溃疡或烂斑，口角流出大量分泌物，使下颌和前肢部位的被毛黏湿成片。若有继发性细菌感染，舌、口腔黏膜会发生坏死，并散发出恶臭气味，体温升高，食欲下降或拒食。病后期，病兔精神沉郁、腹泻、虚脱、消瘦甚至瘫痪，通常于发病后 5～10 d 死亡（图 6-3，图 6-4）。

图 6-3 传染性水疱性口炎（1）

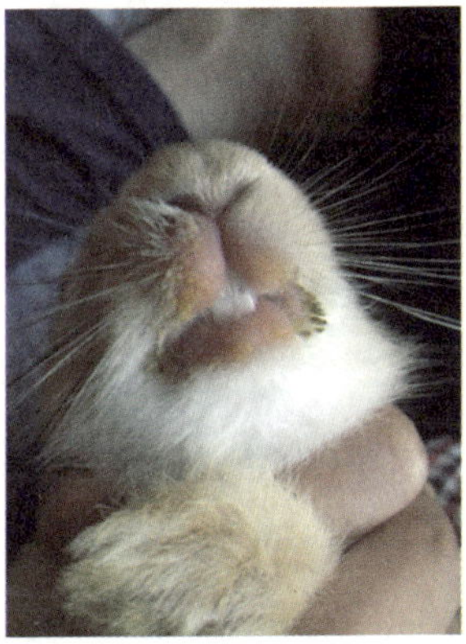

图 6-4 传染性水疱性口炎（2）

3. 病理变化　尸体消瘦，舌、唇及口腔黏膜发红、肿胀、有小水疱和小脓疱、糜烂、溃疡，口腔有大量液体，食道、胃、肠道黏膜有卡他性炎症。

4. 诊断　根据流行特点、临床症状、特异的口腔病变即可做出诊断，必要时要通过实验室检验确诊。

5. 防治　目前对本病尚无有效的防治方法。发病时应立即隔离病兔。兔舍、兔笼、用具等可用1%～2%的氢氧化钠、20%的热草木灰或0.5%的过氧乙酸消毒。可用磺胺二甲基嘧啶进行药物预防，剂量为0.1 g/kg体重，每日1次，连用3～5 d。病兔局部用药可选择2%的硼酸，2%的明矾溶液或1%的盐水冲洗口腔，然后涂碘甘油、2%的硫酸铜溶液或0.05%的结晶紫，饲料应柔软易消化。平时应加强饲养管理，防止引入病兔，尤其在春秋季节更应加强卫生防疫措施。

（三）兔黏液瘤病

兔黏液瘤病是由兔黏液瘤病毒引起的一种高度接触传染性和高度致死性传染病，特征为全身皮肤尤其是面部和天然孔周围发生黏液瘤样肿胀。

1. 流行病学　病兔和带毒兔是传染源。本病的主要传染方式是与病兔或带毒兔的直接接触，或与其污染物的间接接触而传染。多由于蚊、虱、蝉、蚤等刺螫而感染，具有高度接触性和致死性。

2. 症状　特征性的眼观病变是皮肤肿瘤（加州毒株所致的黏液瘤除外）、皮肤和皮下组织显著水肿，尤其颜面和天然孔周围的皮下组织水肿，切开病变皮肤，见有黄色胶冻液体聚集。近年来，在一些集约化养兔业较发达的疫区，本病常呈呼吸型，潜伏期长达20～28 d。初期卡他性鼻炎，继而脓性鼻炎和结膜炎。皮肤病损轻微，仅在耳部和外生殖器的皮肤上见有炎症斑点，少数病例的背部皮肤有散在性肿瘤结节。痊愈兔可获 18 个月的特异性抗病力（图 6-5）。

3. 病理变化　切开水肿部皮肤可见皮下有多量淡黄色胶冻样黏液，胃肠浆膜下有淤血点或淤血斑，心内膜下和心外膜下有时发生出血点，有的病例出现脾脏和淋巴结肿大并出血（图 6-6）。

4. 诊断　根据皮下出现黏液瘤性肿胀和大量黏液性水肿可做出初步诊断。琼脂凝胶双向扩散试验可在 12～24 h 内判定结果，准确率极高。必要时可将病变组织做病理检查或病原体分离鉴定以及血清学检验。

5. 防治　目前本病尚无有效治疗方法，发现病兔应及时扑杀，并进行消毒处理。同时消灭蚊虫，搞好环境卫生，高发地区可采用疫苗免疫接种。

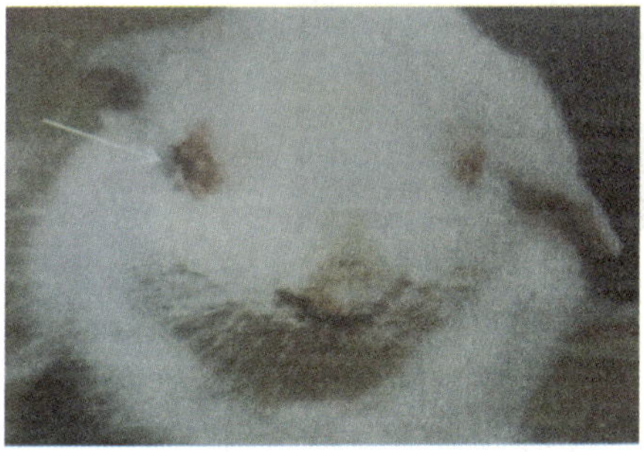

图 6-5　兔黏液瘤病（1）

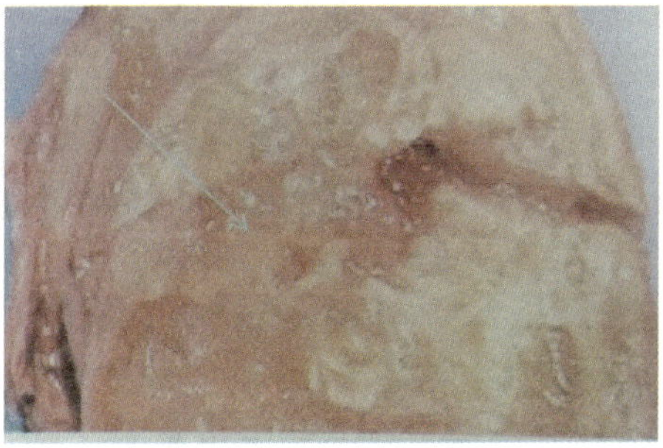

图 6-6　兔黏液瘤病（2）

（四）兔痘

兔痘是由兔痘病毒引起的，以皮肤出现红斑与丘疹，淋巴结肿大，眼炎为特征的一种急性、热性、高度接触性传染病，其特征是皮肤痘疹和鼻、眼内流出多量分泌物。

1. 流行病学　幼兔和妊娠母兔发病多、死亡率高。病兔是本病的主要传染源，其鼻腔分泌物中含有大量病毒，主要通过呼吸道、消化道、皮肤创伤和交配而感染。多呈散发性或地方性流行，同群兔传播迅速。康复兔终生免疫且无带毒现象。

2. 症状　潜伏期2～14 d。病初体温升高，流鼻涕，全身淋巴结尤其是腹股沟、胸淋巴结肿大坚硬，眼结膜潮红，失明、流泪，呼吸和脉搏加快。全身皮肤出现红斑性疹，后发展为丘疹、疱疹、脓疱，破溃后形成干痂，有时病变出现在鼻腔和口腔黏膜上。公母兔生殖器均可出现水肿，发炎肿胀，孕兔可流产。通常病兔有运动失调、痉挛、眼球震颤、肌肉麻痹的神经症状。继发感染时可出现局部化脓、溃烂，有时继发肺部和消化道炎症（图6-7）。

图6-7　兔痘

3. 病理变化　主见皮肤、口腔、呼吸道及肝、脾、肺等出现丘疹或结节；淋巴结、肾上腺、唾液腺、睾丸和卵巢均出现灰白色坏死结节；相邻组织发生水肿和出血。

4. 诊断　通过症状和病理变化可做出初步诊断，确诊需分离鉴定病毒，或做血凝抑制试验等血清学试验。

5. 防治　严格消毒，消灭蚊蝇，牛痘疫苗可用来预防注射。对病兔应进行隔离与消毒，使用抗生素可防止继发感染，并要进行维持治疗。皮肤丘疹和痘疱可用5%～10%的碘酊涂抹，鼻腔和口腔的病灶可用2%的硼酸溶液清洗后涂布碘甘油、1%紫药水，眼部病变可使用2%硼酸清洗，而后再涂以抗生素眼膏。

（五）兔轮状病毒病

本病由轮状病毒引起，以仔兔突发性腹泻为主要特征的一种急性肠道传染病。

1. 流行病学　本病的主要传播途径是消化道。主要发生在2～6周龄的仔兔，成年兔常呈隐性感染而带毒。本病往往在幼兔抵抗力降低时发病，多突然发生，迅速蔓延。病毒主要存在于病兔粪便和后段肠内容物中，被感染群中很难根除。

2. 症状　潜伏期1～4 d。2～6周龄仔兔感染后多突然发病，表现呕吐、低烧、昏睡、很少吮乳或废食，排出蛋花样白色、棕色、灰色或浅绿色酸性恶臭水便，会阴部及后肢被毛被粪污染。一般在下痢后2～3 d内因高度脱水、体液酸碱平衡失调，最后导致心力衰竭而死亡。

3. 病理变化　肠道（尤其是后段小肠和结肠）出现明显的充血和淤血，肠管扩张，内有大量水样内容物，其他脏器无明显变化。

4. 诊断　根据发病季节，2～6周龄仔兔多发，体温不高，结合肠道变化做出初步诊断，通过动物接种和血清学试验进一步确诊。

5. 防治　本病尚无有效的治疗方法和疫苗，主要加强仔兔饲养管理，经常对兔舍、笼具等进行消毒，防止粪便污染饲料和饮水。一旦发病，及时隔离严格消毒，可采取补液等维持治疗，使用抗生素或磺胺类药物，以防止继发感染。

（六）兔巴氏杆菌病

兔巴氏杆菌病是由多杀性巴氏杆菌引起的急性传染性疾病。

1. 流行病学　家兔中较常发生，一般无季节性，以冷热交替、气温骤变，闷热、潮湿多雨季节发生较多。多杀性巴氏杆菌存在于病兔的各组织、体液、分泌物和排泄物中，在健康家兔的上呼吸道中也常有本菌存在，都是本病的主要传染源。由于饲养管理不当、卫生差、通风不良、气候突变以及各种因素引起的抵抗力下降等均可引发本病流行，也可继发于其他疾病。本病多呈散发或地方性流行，发病率20％～70％，急性病例死亡率高达40％以上。

2. 症状　本病潜伏期数小时至数日或更长，临床有以下几种类型：

最急性型：出血性败血症型，常无明显症状而突然死亡。病程长可表现精神委顿，食欲减退或停食，体温升高，鼻腔流出浆液性、黏液性或脓性鼻液，腹泻。

亚急性型：即鼻炎型（传染性鼻炎）与肺炎型。鼻腔流出黏液性或脓性分泌物，呼吸困难，咳嗽，发出“呼呼”音，不时打喷嚏，体温升高，可视黏膜发绀，食欲减退、废绝。病程一般1～2周或更长，治疗不及时多衰竭死亡（图6-8）。

慢性型：多由急性型或亚急性型转变而来，病兔鼻腔流出浆液性分泌物，后转变为黏液性或脓性，黏结于鼻孔周围或堵塞鼻孔，呼吸轻度困难，常打喷嚏，咳嗽，用前爪搔鼻，食欲不佳，进行性消瘦。

中耳炎型：又称斜颈病（歪头症），是病菌扩散到内耳和脑部的结果。其颈部歪斜的程度不一样，发病的年龄也不一致，但多数为成年兔。严重的患兔，向着头倾斜的一方翻滚，一直到被物体阻挡为止。由于两眼不能正视，患兔饮食极度困难，因而逐渐消瘦。病程长短不一，最终因衰竭而死。

结膜炎型：临床表现为流泪，结膜充血、红肿，眼内有分泌物，常将眼睑粘住。

脓肿、子宫炎及睾丸炎型：脓肿可以发生在身体各处。皮下脓肿开始时，皮肤红肿、硬结，后来变为波动的脓肿。子宫发炎时，母体阴道有脓性分泌物。公兔睾丸炎可表现一侧或两侧睾丸肿大，有时触摸感到发热。

3. 病理变化　因发病类型不同而不同，常以 2 种以上混发。急性败血型死亡迅速者变化不明显，有时仅有黏膜及内脏的出血。除鼻炎病变外，喉头、气管及肺脏充血和出血，消化道及其他器官也出血，胸腔和腹腔有积液。如并发肺炎，可引起肺炎和胸膜炎，心包、胸腔积液，有纤维素性渗出及粘连，肺脏出血、脓肿。肺炎型主要出现肺部与胸部病变（图 6-9）。

图 6-8　兔巴氏杆菌病

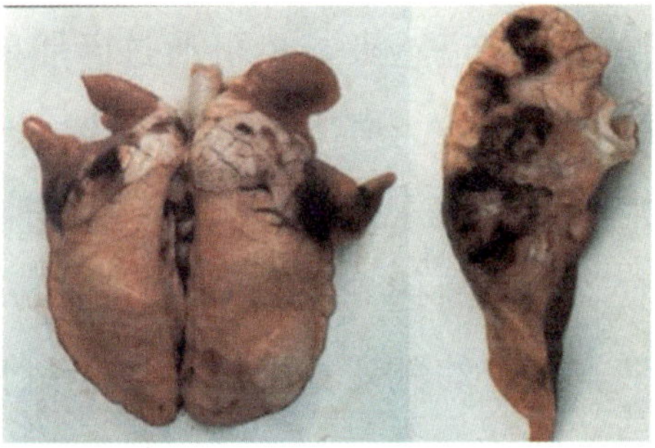

图 6-9　兔巴氏杆菌病肺部病变

4. 诊断　临床症状及病理变化做出初步诊断，采取血液、肝、脾、渗出液或脓汁进行病原学检查才能确诊。此外可用 0.25%～0.5%煌绿滴鼻 2～3 滴，18～24 h 后检查，如鼻孔见到化脓性分泌物者为阳性，证明该兔为巴氏杆菌病患兔或巴氏杆菌携带者。

5. 防治　本病预防为主，兔场应自繁自养，引种时做好隔离观察与消毒，加强日常管理与卫生消毒，定期进行巴氏杆菌灭活苗接种，成年兔每年可接种 3 次。

发病兔场应严格消毒，死兔焚烧或深埋，隔离病兔，治疗可用青霉素 2 万～5 万 U、链霉素 10 万～20 万 U，一次肌内注射，每日

2次庆大霉素4万～8万U，肌内注射，每日2次。鼻肛净预防按饲料量的0.5%添加，连用3～5 d治疗；按饲料量的1%添加，连用3 d，对预防和治疗由巴氏杆菌引起的鼻炎、肺炎、肠炎等具有特效。

（七）沙门菌病

本病又叫兔副伤寒，是由鼠伤寒沙门菌和肠炎沙门菌引起的兔的一种传染病。

1. 流行病学　一年四季均可发生，发病率比较高，各年龄、性别、品种的兔均易感，但以幼兔、孕兔发病率与死亡率较高。主要通过消化道感染，也可通过断脐时感染。

2. 症状　本病一般潜伏期3～5 d，个别病兔为最急性，不表现症状而突然死亡。一般常见精神沉郁，伏卧不起，食欲减退或不食，体温高达41 ℃以上，腹泻，呈顽固性下痢，并常有胶冻样黏液，严重幼兔死亡很快，成年兔长时间下痢而消瘦，被毛粗乱无光泽，腹部臌气。妊娠母兔可发生流产、死胎、阴道黏膜充血、肿胀，从阴道流出脓性分泌物，康复后也不易受孕。

3. 病理变化　急性死亡时内脏器官充血、出血，胸腔、腹腔有大量浆液或黏液性分泌物，肠黏膜充血、出血、水肿（图6-10），盲肠和结肠出现粟粒样坏死结节或溃疡，肝脏弥散有灰白色坏死灶，脾肿大，流产母兔子宫壁增厚、肿大，有的出现化脓，子宫黏膜覆盖一层淡黄色纤维素膜或充血、出血、溃疡，子宫内有时有死胎或干胎。

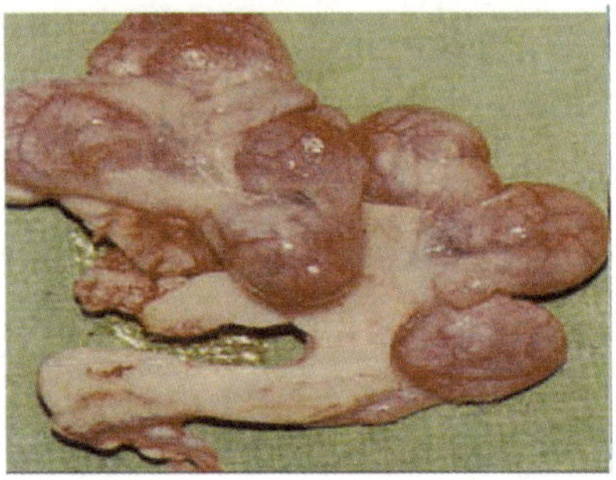

图6-10　兔沙门菌病

4. 诊断　根据流行特点、临床症状及病理变化做出初步诊断，通过实验室进行细菌学检查确诊。

5. 防治　本病的预防主要是防止怀孕母兔与传染源的接触，对阳性兔进行隔离治疗，兔舍、兔笼和用具彻底消毒。兔群一旦发病，对怀孕母兔立即进行治疗，可用庆大霉素按每千克体重2万～4万U肌内注射，每日2次，对怀孕初期的母兔可紧急接种鼠伤寒沙门菌灭活疫苗，每兔皮下或肌内注射1 mL。疫区应每年接种2次，可有效地控制本病的流行。

（八）兔大肠杆菌病

本病是由致病性大肠杆菌及其毒素引起的一种发病率、死亡率都很高的仔兔肠道疾病。

1. 流行病学　多发于出生乳兔及断乳期仔兔。一年四季均可发病，主要由于饲养管理不良、天气突变、卫生条件差等使肠道常在的大肠杆菌大量繁殖而发病，也可继发于球虫及其他疾病。

2. 症状　本病最急性病例突然死亡而不显任何症状，初生乳兔常呈急性经过，腹泻不明显，排黄白色水样粪便，腹部膨胀，多在1～2 d死亡。未断乳仔兔和幼兔多发生严重腹泻，排出淡黄色水样粪便，内含有黏液。病兔迅速消瘦，精神沉郁，食欲废绝，腹部膨胀，体温正常或稍低，多在数天死亡（图6-11）。

3. 病理变化　初生乳兔急性死亡，腹部膨大，胃内充满白色凝乳物，并伴有气体，膀胱内充满尿液、膨大，小肠肿大、充满半透明胶冻样液体，并有气泡（图6-12）。其他病兔肠内有两头尖的细长粪球，其外面包有黏液，肠壁充血、出血、水肿，胆囊扩张。

4. 诊断　根据本病仔幼兔发生较多、剧烈腹泻、脱水等症状，配合病理剖检做出初步诊断，通过实验室进行细菌学检验确诊。

5. 防治　在断乳前后饲料要逐渐更换，加强饲养管理和兔舍卫生工作。有本病病史兔群，在断乳前后可投喂氟哌酸等药物 3～5 d 预防。可用本兔群分离的大肠杆菌制成灭活疫苗进行免疫接种。如已发生本病流行，应根据由病兔分离到的大肠杆菌做药敏试验，选择敏感药物进行治疗。

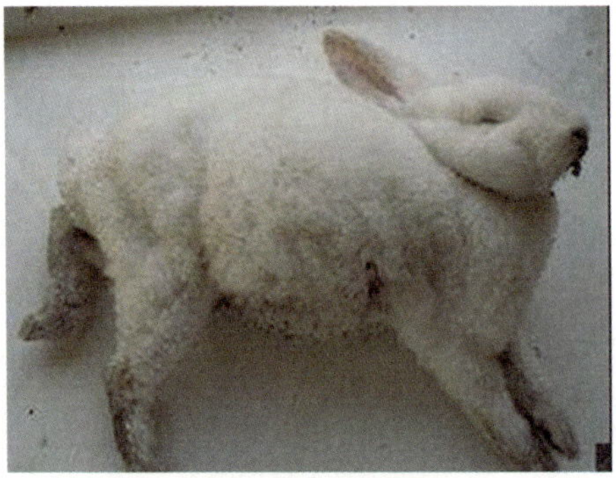

图 6-11　兔大肠杆菌病（1）

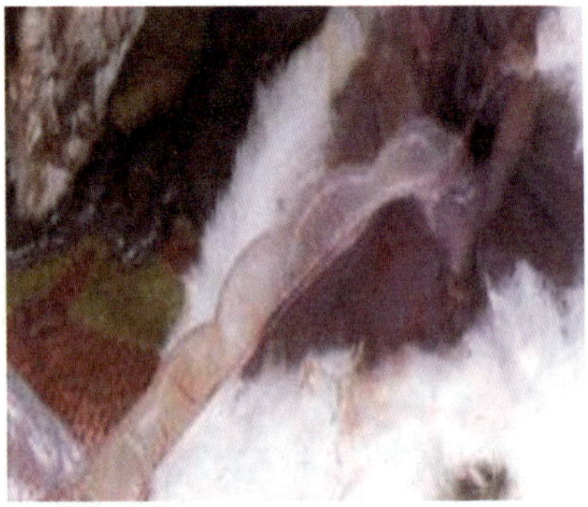

图 6-12　兔大肠杆菌病（2）

（九）兔波氏杆菌病

本病又叫兔支气管败血波氏杆菌病，是由支气管败血波氏杆菌感染引起的慢性呼吸道传染病。

1. 流行病学　本病在秋冬季节和早春多发。主要通过空气传播，经呼吸道而感染。病兔及带菌兔是本病的主要传染源。多种哺乳动物上呼吸道中都有本菌寄生，常引起慢性呼吸道病的相互感染。

2. 症状　成年兔一般为慢性经过，仔兔和青年兔多为急性经过。以鼻炎、支气管肺炎和脓疱性肺炎为特征。

鼻炎型病兔打喷嚏，闭眼，前爪抓搔鼻部，鼻腔黏膜充血、流出大量浆液性或黏液性分泌物，鼻孔周围及前肢湿润，被毛污秽（图 6-13）。病程较长者转为慢性。仔兔多呈急性经过，初期刚见鼻炎病状后，即表现呼吸困难，迅速死亡，病程 2～3 d。

支气管肺炎型多由鼻炎型长期不愈转变而来，由于细菌侵害支气管或肺部，引起支气管肺炎。病后期呼吸加快，不同程度的呼吸困难，发出鼾声。常呈犬坐式姿势，食欲不振，进行性消瘦，病程可长达数月。

3. 病理变化　早期病兔鼻咽黏膜出现卡他性炎症病变，充血，肿胀，慢性病兔出现化脓性炎症。支气管肺炎型病兔在支气管和肺部出现不同程度的炎性病变，肺部有化脓灶。

4. 诊断　根据临床症状，结合流行特点及剖检变化可做出初步诊断，但要与巴氏杆菌病等相区别，必要时通过微生物学检验确诊。

5. 防治　加强饲养管理，减少各种应激因素刺激，定期杀虫、灭鼠及淘汰病兔及阳性兔，坚持自繁自养的养殖方式，定期地给兔免疫注射疫苗。对有价值的种兔应及时隔离治疗。卡那霉素，每千克体重 5 mg，肌内注射，每日 2 次；新霉素，每千克体重 40 mg，肌内注射，每日 2 次；庆大霉素，每千克体重 2.2～4.4 mg，每日 2 次。

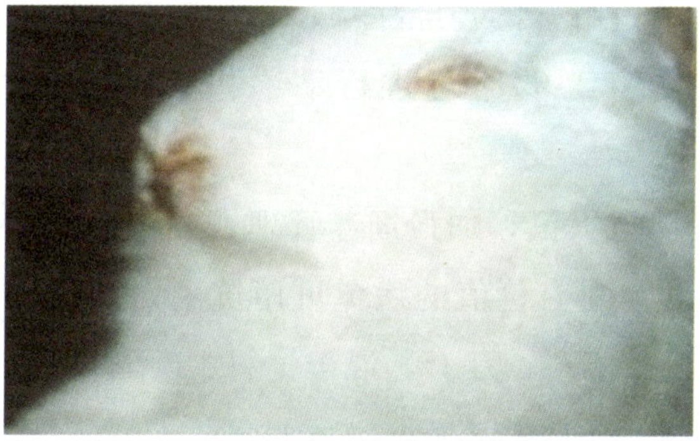

图 6-13　兔波氏杆菌病

（十）兔李氏杆菌病

李氏杆菌病是由李氏杆菌引起的各种动物及人共患的一种传

染病。

1. 流行病学　本病呈散发或地方性流行，主要发生在冬季或早春。发病或带菌动物是本病的主要传染源，鼠类是本病的主要传染源与传播媒介，通过消化道、呼吸道、眼结膜及皮肤伤口而感染。

2. 症状　潜伏期一般为 2～8 d。

急性型，常见幼兔。病兔体温升高 40 ℃以上，精神沉郁，不食，鼻腔流出浆液性或黏液性分泌物，经 1～2 d 内死亡。亚急性型，出现神经症状，如痉挛，全身震颤，眼球凸出，作圈状运动，头颈偏向一侧，运动失调等。怀孕母兔流产或胎儿干化，经 4～7 d 死亡。慢性型，主要表现为母兔子宫炎、流产，并从阴道内流出红褐色分泌物，康复后长期不孕。

3. 病理变化　脑膜充血、水肿，肝脏有坏死灶，淋巴结肿大，尤以肠系膜淋巴结和颈部淋巴结明显，肺有出血和水肿，胸腔、腹腔及心包有多量淡黄色渗出液。子宫内积有脓性渗出物或暗红色液体，子宫壁有坏死灶和增厚。

4. 诊断　通过特殊的神经症状、孕兔流产等临床症状及病理变化进行初步诊断，必要时可进行动物接种试验和微生物学检验确诊。

5. 防治　防鼠灭鼠，加强饲养管理，并定期使用抗生素药物或磺胺类药物预防。对有价值的病兔可用抗生素治疗，如新霉素配合青霉素，每只兔 2 万～4 万 U，混于饲料中喂给，每日 3 次。

（十一）兔皮肤真菌病

本病又叫皮肤霉菌病、癣病或秃毛癣是致病性皮肤真菌感染引起的一种传染病。

1. 流行病学　本病原主要寄生在患部皮肤，通过与病兔直接接触感染或通过被病兔污染的笼具、食槽、垫料等感染。

2. 症状　潜伏期一般为3 d至2周，多在耳、鼻、眼周、面部、嘴、爪、颈部等皮肤出现圆形或椭圆形突起，生成带灰色的小疱，形成皮肤炎症，并向周围扩大，而后形成硬痂皮，局部脱毛，出现灰白色鳞片或形成溃疡。病兔表现不安、搔痒，严重的影响饮食，渐进性消瘦（图 6-14）。

3. 诊断　本病通过特有的皮肤症状可以做出初步诊断，必要时可刮取患部与健康部交界处皮屑镜检确诊。

4. 防治　加强饲养管理，经常对兔舍清理消毒。对病兔及时隔离或淘汰，有价值的种兔可用药物治疗，治疗时应先用药物处理患部，然后剪毛，刮去局部痂皮鳞屑，涂灰黄霉素软膏、克霉唑药水等。

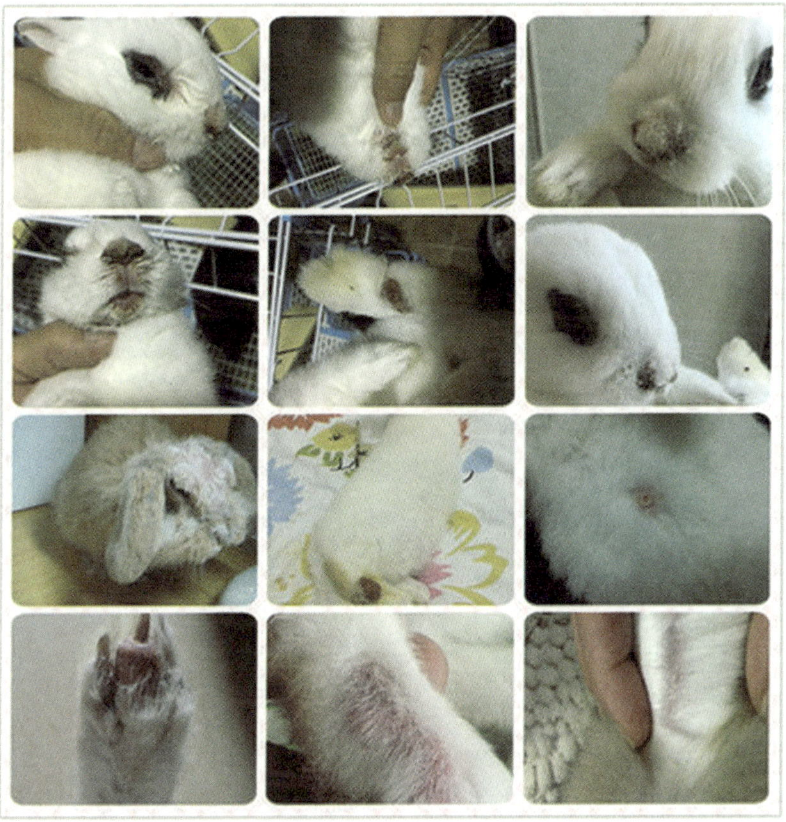

图 6-14　李氏杆菌病

二、寄生虫病

（一）球虫病

兔球虫病是由艾美耳科艾美耳属的14多种球虫引起的家兔常发的一种寄生虫病。

1. 流行病学　隐性带虫兔和病兔是主要传染源，成熟球虫卵囊随病兔粪便排出体外，健康家兔采食了被感染性卵囊污染的饲草、饲料及饮水等而发病。本病多发于温暖潮湿季节，冬季棚室保温饲养也易发。以断奶仔兔至4月龄幼兔易感，死亡率高。成年兔发病较轻或不表现临床症状。

2. 症状　根据球虫种类和寄生部位，球虫病分为肠球虫病、肝球虫病和混合型球虫病。其典型症状是被毛粗乱，食欲减退或废绝、精神沉郁，动作迟缓，伏卧不动，眼、鼻分泌物增多，口腔周围被毛潮湿，腹泻或腹泻与便秘交替。病兔虚弱消瘦，结膜苍白，可视黏膜轻度黄染；在病后期，幼兔常出现神经症状，四肢痉挛，麻痹，多因极度衰弱而死亡（图6-15）。

3. 病理变化

肠球虫：胃黏膜发炎，小肠内充满气体和大量液体，胸壁充血，十二指肠扩张，肠壁增厚，出血性炎症。慢性病例肠黏膜出现许多小而硬的白色结节，内含球虫卵囊，尤以直肠最多见，有的出现化脓及溃疡。

肝球虫：可见肝脏肿大，肝表面及肝实质有大小不等的白色结节，内含球虫卵，充满脓汁、色淡，腹腔积液（图6-16）。

4. 诊断　根据流行特点、临床症状及病理变化可做出初步诊断，取病兔粪便或肠内容物或肝脏结节，显微镜检查见有大量球虫卵囊即可确诊。

5. 防治 经常打扫兔舍卫生，定期消毒，保持兔舍清洁干燥，成兔与幼兔分开饲养，定期预防性喂服抗球虫药物。发现病兔应及时隔离治疗，可用氯苯胍每千克体重 10 mg 喂服或按 0.03%的比例拌料饲喂，连用 2～3 周。对断奶仔兔预防时可连用 2 个月磺胺二甲嘧啶，每千克体重 200 mg，喂服，连用 5～7 d 克球粉，每千克体重 50 mg 喂服，连用 5～7 d 也可用其他抗球虫药物。球净预防按饲料的 1%添加，连用 15 d，停药 5 d 或连续应用治疗按饲料的 1.3%～1.5%添加，连用 5 d 后改预防量。

图 6-15 兔球虫病（1）

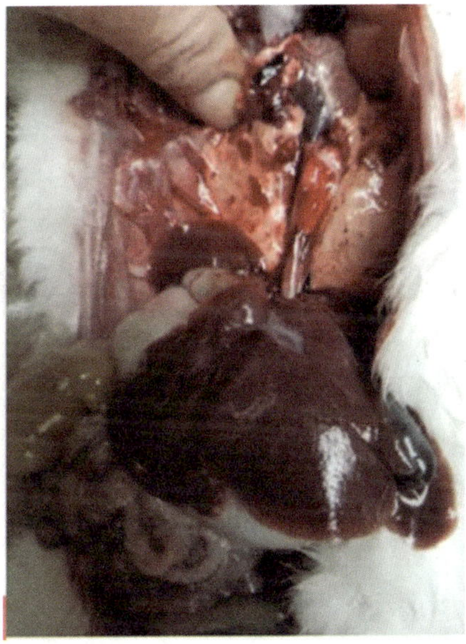

图 6-16 兔球虫病（2）

（二）豆状囊尾蚴病

本病又叫兔囊虫病。是由寄生于犬、狐、猫及其他食肉动物小肠内的豆状带绦虫的幼虫寄生于家兔体内引起的疾病。

1. 流行病学 犬、猫等食肉动物食入含有豆状囊尾蚴的兔的内脏或豆状囊尾蚴虫体后，在小肠内发育成豆状带绦虫，成熟的孕卵节片及虫卵随粪便排出体外，兔食入了被污染的饲草、饲料和饮水后而感染。虫卵在兔消化道逸出六钩蚴，钻入肠壁，随血液到达肝脏，一部分还通过肝脏进入腹腔其他脏器浆膜面，在肝脏及其他脏器表面发育成囊尾蚴而发病。

2. 症状　豆状囊尾蚴数量较少时，无明显症状，大量感染出现肝炎症状，表现被毛粗糙无光泽，消瘦，腹胀，可视黏膜苍白，贫血，消化不良或紊乱，食欲减退，粪球小而硬，严重者出现黄疸，精神沉郁少动，甚至衰竭死亡。

3. 病理变化　腹腔积液，肝脏表面、胃壁肠道、腹壁等的浆膜面附着数量不等的豆状囊尾蚴，呈水疱样（图 6-17、图 6-18）。

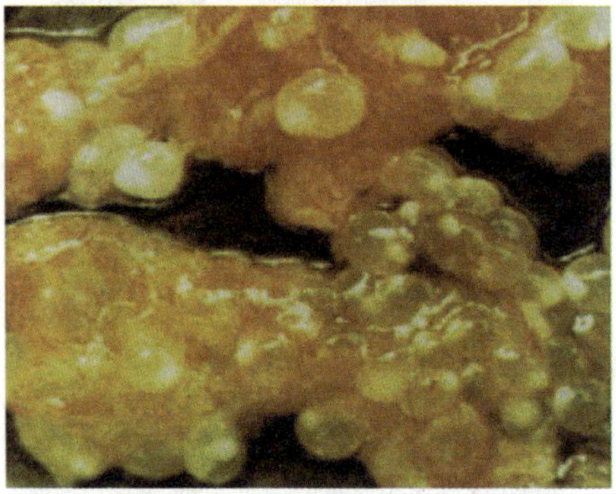

图 6-17　兔囊虫病（1）

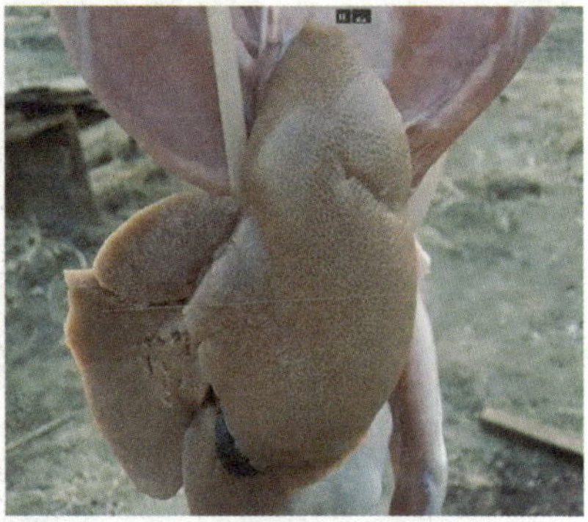

图 6-18　兔囊虫病（2）

4. 诊断　通过临床症状、外部触诊及剖检到豆状囊尾蚴虫体即可确诊。

5. 防治　防止犬、猫粪便污染饲草、饲料及饮水。病兔内脏严禁喂犬、猫。对犬、猫定期驱虫，发现病兔，可用吡喹酮治疗，每千克体重 100 mg 喂服，24 h 后再喂 1 次，或每千克体重 50 mg，或加适量液体石蜡，混合后肌内注射，24 h 后再注射 1 次。

（三）肝片吸虫病

本病由肝片吸虫寄生于兔的肝脏、胆管而引起发病。

1. 流行病学　本病多见于夏秋季，南方多于北方。肝片吸虫经由粪便排出体外，遇到中间宿主如淡水螺等，钻入螺体内继续发育，形成囊蚴。家兔吃了带有囊蚴的水草而感染。

2. 症状　病兔厌食，进行性消瘦，后期耳部发白，可视黏膜苍白，出现贫血，呈现极度衰竭。如不及时治疗，一般经 5～15 d 后死亡。

3. 病理变化　剖检腹腔有多量淡黄色腹水，肝脏肿大，质地变硬，色泽变黄，肝脏表面呈现纤维素性炎症变化，胆囊膨大，胆管壁增厚部可见虫体（图 6-19，图 6-20）。

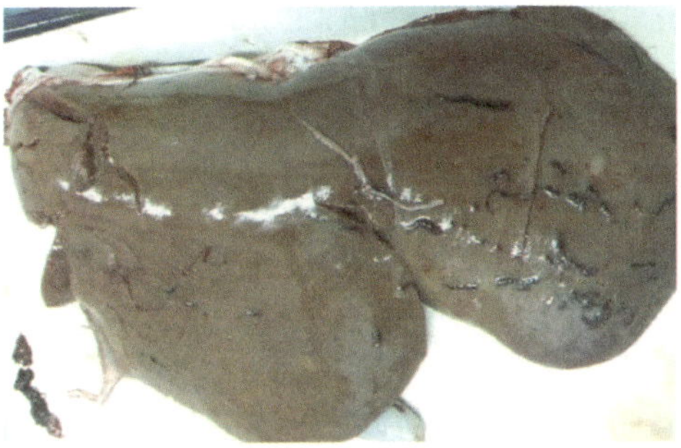

图 6-19　肝片吸虫病（1）

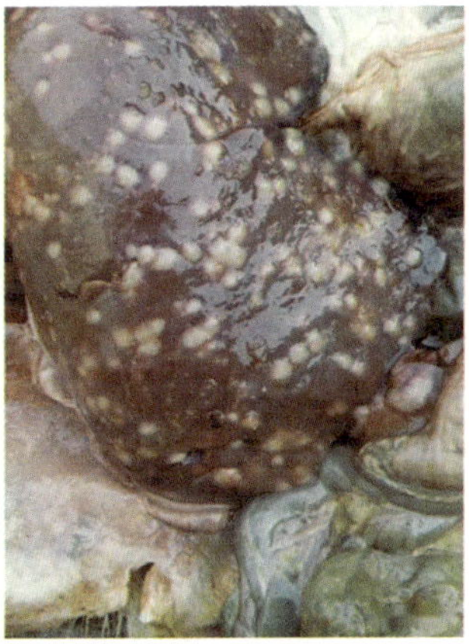

图 6-20　肝片吸虫病（2）

4. 诊断　取可疑病兔粪便镜检，发现肝片吸虫虫卵即可确诊。剖检兔体内有肝片吸虫也可确诊。

5. 防治　不要用水生植物喂兔。兔粪堆积发酵处理，消灭淡水螺，多发地区应定期驱虫。病兔可用四氯化碳治疗，每千克体重 0.3 mL，加等量的灭菌液体石蜡混合后肌内注射硝氯酚，每千克体重 3 mg，喂服硫氯酚，每千克体重 100 mg，间隔 2～3 d 重复用药 1 次。

（四）弓形虫病

弓形虫是寄生于人类和许多动物组织细胞内的原虫，可侵害脊椎动物的多种细胞，并在细胞内繁殖，最后破坏宿主细胞，释放出虫体，导致一系列病理变化。弓形虫病是重要的人畜共患病，猫是终末宿主，有 200 多种动物可患本病，已呈全球性流行，对人类健康和畜牧业生产构成严重威胁，已引起医学界和兽医界的普遍重视。

1. 流行病学　传播主要有 3 条途径。人和人传播主要是垂直传播，引起先天性弓形虫感染的先决条件是孕妇先有原发感染。动物和动物传播被认为是终宿主猫传播给中间宿主猪、家兔、绵羊、山羊等的过程。动物给人传播，孕妇与猫或猫粪便及污染物的直接接触，人食用含弓形体组织包囊的未经煮熟的肉食品和动物内脏。

2. 症状　急性型病兔以突然废食、体温升高和呼吸加快为特征，有浆液脓性眼垢和鼻漏。病兔嗜睡，并于几天内出现局部或全身肌肉痉挛的神经症状。慢性型病程较长，病兔厌食消瘦，常导致贫血。随着病程发展，病兔出现中枢神经症状，通常表现为后躯麻痹，通常在发病后 2～8 d 死亡。怀孕母兔出现流产。病兔大多可以康复。

3. 病理变化　急性型以淋巴结、脾、肝、肺和心脏的广泛坏死为特征。上述器官肿大，并有很多坏死灶，肠高度充血，常有扁豆大的溃疡，胸、腹腔有渗出液，此型主要发生于仔兔。慢性型以各脏器水肿、增大，并有散在的坏死灶为特征，此型常见于老兔。隐性型主要表现为中枢神经系统中有包囊，可看到神经胶质瘤和肉芽性脑炎病变。

4. 治疗　目前尚无特效药物，可参考如下：

磺胺嘧啶加甲氧胺嘧啶：前者首次用量每千克体重 0.2 g，维持量每千克体重 0.1 g。后者用量每千克体重 0.01 g，每日 1 次内服，连用 5 d。

磺胺甲氧吡嗪加甲氧苄胺嘧啶：前者首次用量每千克体重 0.1 g，维持量每千克体重 0.07 g。后者用量每千克体重 0.01 g，每日 1 次内服，连用 5 d。

长效磺胺加乙胺嘧啶：前者首次用量为每千克体重 0.1 g，维持量每千克体重 0.07 g，后者用量每千克体重 0.01 g，每日 1 次内服，连用 5 d。

蒿甲醚：每千克体重 6～15 mg，肌内注射，连用 5 d，有很好的效果。

双氢青蒿素片：每兔每日 10～15 mg，连用 5～6 d。

磺胺嘧啶钠注射液：肌内注射，每次 0.1 g，每日 2 次，连续 3 d。

5. 预防　猫是弓形体的完全宿主，而兔和其他动物仅是弓形体原虫无性繁殖期的寄生对象，因此要防止猫接近兔舍传播本病，饲养员也要避免和猫接触。定期消毒，饲料、饲草和饮水严禁被猫的排泄物污染。对流产胎儿及其他排泄物要进行消毒处理，场地严格消毒，死于本病的病兔要深埋。

（五）兔螨病

兔螨病又叫疥癣，是由螨寄生于家兔皮肤而引起的一种体外寄生虫病。引起家兔发病的螨主要有兔疥螨、兔背肛螨、兔痒螨和兔足螨。

1. 流行病学　主要发生在秋冬季节绒毛密生时，潮湿多雨天气、环境卫生差、管理不当、营养不良、笼舍狭窄、饲养密度大等都可促使本病发生。可直接接触或通过笼具等传播。

2. 症状　兔疥螨和兔背肛螨寄生于兔的头部和掌部无毛或毛较短的部位，如嘴、上唇、鼻孔及眼睛周围，在这些部位真皮层挖掘隧道，吸食淋巴液，其代谢物刺激神经末梢引起痒感。病兔擦痒使皮肤发炎，以致发生疱疹、结痂、脱毛，皮肤增厚，不安、搔痒，饮食减少，消瘦，贫血，甚至死亡。

3. 诊断　根据临床症状和流行特点做出初步诊断，从患部刮取病料，用放大镜或显微镜检查到虫体即可确诊。

4. 防治　经常保持兔舍清洁卫生，干燥，通风透光，兔场、兔舍、笼具等要定期消毒，引种时不要引进病兔，如有螨病发生时，应立即隔离治疗或淘汰，兔舍、笼具等彻底消毒。治疗病兔可用伊维菌素（商品名虫克星或灭虫丁），口服或注射（严格按说明剂量），用多拉菌素溶液或螨净溶液喷洒涂抹患部或浸洗患肢，8 mg/kg 溴氰菊酯溶液涂抹或浸洗患部或药浴，0.15%的杀虫脒溶液涂抹患部或药浴。对耳道病变，应先清理耳道内脓液和痂皮，然后滴入或涂抹上述药物。

（六）虱病

兔虱是寄生在兔体的外寄生虫之一，本病一般很少引起死亡，但可造成增重减慢或停滞、毛皮质量低劣等，使经济上遭受极大损失。

1. 流行病学　兔在冬季的被毛长而密，特别是长毛兔，适合兔虱的生长繁殖，最易发生兔虱病。本病主要通过患病兔与健康兔的直接接触而传播。兔舍卫生条件差、兔的营养不良、抗病力低下时更易发生。

2. 症状　兔虱在叮咬家兔皮肤时，分泌出一种有毒的唾液，刺激兔皮肤末梢神经，使其发痒。可见家兔嘴啃爪搔，往往划破皮肤，血液及炎性渗出液溢出并形成痂皮。拨开患部被毛，在皮肤表面和被毛的下半部可看到很小的兔虱钻来爬去，被毛基部有淡黄色的虫卵。由于兔虱的骚扰及皮肤瘙痒，病兔表现不安，不时地搔抓，影响采食，严重感染时，食欲明显减退，消瘦，贫血，被毛粗乱打团。

3. 防治　兔舍保持清洁卫生，通风干燥，阳光充足，定期消毒，防止兔虱的滋生与蔓延。发现有兔虱寄生时，可用二氯苯醚菊酯 1 mL，加水 20 kg，涂抹患部或洗浴患部。用多拉菌素或螨净水溶液涂抹患部或对患部被毛喷雾。用多拉菌素或螨净 1 g，加滑石粉 50 g 混匀，撒布在患兔体表被毛上，每日 1 次，连用 3 d。用烟叶 4 g，加水 100 mL，浸泡 24 h 后涂抹患部。以上各方应用 10 d 后再重复进行 1 次，以杀灭新孵化出的兔虱，达到彻底杀灭。

三、普通病

（一）便秘

便秘是由于饲养管理不当，精粗饲料搭配不合理，长期饮水不足，过食又缺乏运动，食入异物等导致肠道功能减弱，粪便停滞时间长，失水而变干硬秘结。也可继发于其他热性病。

1. 症状　病兔表现精神沉郁或不安，食欲减退或废绝，尿少而黄，肠音减弱或消失，粪球干硬细小，频做排便姿势，但排便量少或数天不见排便，腹部臌胀，疼痛。

2. 防治　加强饲养管理，合理搭配饲料，防止过食，供给充足饮水，适当运动，配合饲喂青绿多汁饲料，可有效防止本病发生。轻症病兔可适当饲喂人工盐 2～5 g，较重症病兔可喂服硫酸钠 5～10 g，液体石蜡或食用油 10～20 mL 或温肥皂水灌肠，并配合腹部按摩；果导片 1～2 片喂服。继发便秘时应及时治疗原发疾病。

（二）毛球病

毛球病又叫毛球阻塞，多由于脱毛季节兔毛大量脱落，散落于笼舍、饲槽及垫草中误食，或混入饲料、饲草中食入。食入的兔毛与胃内容物、饲草纤维混合成团，久之变成大而硬的毛球阻塞胃肠道。

1. 症状　病兔食欲不良，喜卧，好饮，逐渐消瘦，衰弱，贫血，粪球干硬、秘结，内含兔毛，甚者阻塞不通，触摸腹部可摸到团块状粗硬物，捏压不易开。

2. 防治　加强饲养管理，搞好环境卫生与消毒工作，对脱落的兔毛应及时清扫，防止混入饲料中，不要过度拥挤，加强通风，配制全价配合饲料，及时治疗皮肤病等可有效地预防本病发生。如发生毛球病，可按便秘方法治疗，营养元素缺乏时，应补充相应缺乏的元素。

（三）积食

积食又叫胃扩张。主要由于过度采食不易消化、易发酵发胀的干精饲料，食入过多易发酵的豆科饲料、霉变饲料或冰冻饲料等引起胃内食物滞留、膨胀。饲料突变、喂料无规律，饥饿后暴食等都可引发积食。

1. 症状　多于采食后数小时内发生，发病快的采食后 30 min 左右发生，表现不安、不吃、少动、腹部膨大尤以胃部膨大，外部可触到大而实的胃脏，流涎、磨牙、有痛苦感，呼吸急促、困难，心搏快。严重者可导致胃破裂。慢性发生时可出现胃肠臌气和消化不良。

2. 防治　合理搭配精粗饲料比例，定时定量饲喂，不喂发霉变质饲料、冰冻饲料，饲喂易发酵饲料要适量，防止饥后暴食。发现病兔初期不要给予大量饮水，可喂服3～5 mL食醋和5～15 mL液体石蜡，适当按摩腹部。必要时可手术取出胃内容物。

（四）胃肠炎

胃肠炎即胃肠道黏膜及下层组织的非特定微生物感染的炎症。主要由饲草、饲料或饮水不洁、霉烂变质，采食冰冻或带露水的饲草饲料，突然更换饲料，饲喂过多的含水量大的青绿多汁饲料，食入有毒饲料及残留农药的饲料等引起。

1. 症状　精神迟钝，肠音增强，粪便变稀、呈糊样或水样、混有气泡及黏液，味臭，多污染肛门周围。严重者出现脱水，衰竭死亡。慢性病例消瘦，衰弱，被毛粗乱无光泽，食欲不佳，便秘与腹泻交替出现。

2. 防治　加强饲养管理，青绿多汁饲料要适量，保持舍内干燥，仔兔断奶应适时饲喂易消化饲料。继发性胃肠炎时应及时治疗原发疾病。对单纯性胃肠炎，可饲喂土霉素，每千克体重25 mg；或氟哌酸每只0.25～1 g；或磺胺脒、小苏打各0.25～1 g。治疗时要配合喂服助消化药物。对严重脱水病例要及时补饮葡萄糖氯化钠溶液。

（五）肠臌气

肠臌气又叫肠臌胀。多由于采食了过多的易发酵饲料、豆科饲料、霉烂变质饲料、冰冻饲料及含露水的青草等，引起胃肠道异常发酵，产气而臌胀。兔舍寒冷、阴暗潮湿，可促使本病发生。便秘、肠阻塞、消化不良以及胃肠炎等也可继发本病。

1. 症状　精神沉郁，蹲卧少动，呼吸急迫，心跳快，可视黏膜潮红或发绀，食欲废绝，腹部膨大，触压有弹性、充满气体感，叩之有鼓音，痛苦。

2. 防治　易产气发酵饲料和豆科饲料喂量要适度，不喂带露水的青草和冰冻饲料，严禁饲喂霉烂变质饲料。兔舍要通风透光，干燥保温。及时治疗原发疾病，防止继发肠臌气。发现臌气病兔，可灌服液体石蜡或植物油 20 mL、食醋 20～50 mL，或大蒜 4～6 g 捣烂，与食醋 20～30 mL 一起灌服，也可用消胀片或二甲硅油等消胀剂。配合抗菌消炎和支持疗法效果更好。

（六）感冒

本病多由于气候突变，过于寒冷，冷热不均，骤然降温，骤淋暴雨，贼风侵袭，通风不良等，使家兔上呼吸道感染，体温调节紊乱，体内积热而发病。

1. 症状　食欲不振，四肢无力，蜷缩少动，全身发抖，眼流泪，鼻流涕，不时打喷嚏，咳嗽，眼结膜、鼻端潮红，体温高达 40 ℃以上，呼吸急促或困难。如不及时治疗，极易发展为气管炎、肺炎或其他疾病。

2. 防治　寒冷季节应注意通风与保温，运动场或运输途中应防雨淋和冬季保温。发现病兔应采取抗菌消炎、解热镇痛疗法。肌内注射安痛定注射液 1～2 mL，或柴胡注射液 2 mL，也可喂服感冒胶囊、克感敏、阿司匹林（APC）、银翘解毒片等。肌内注射青霉素 5 万～10 万 U 或链霉素 5 万～20 万 U，也可二者联合应用。

（七）结膜炎

各种机械性损伤，外界异物（灰尘、泥沙等）进入眼内，化学药物、气体的刺激（石灰、氨水、火碱、烟雾、沼气及某些刺激性消毒药物等），维生素 A 缺乏等都可引起家兔眼结膜发炎。某些传染性疾病（感冒、传染性鼻炎等）也可继发结膜炎。寒冷季节兔舍内粪尿清理不及时，通风不好，使空气中含氨量过高，是诱发结膜炎的主要因素。

1. 症状　主要表现为畏光流泪，结膜潮红、肿胀，疼痛，眼睑肿胀、闭眼不睁，眼内流出浆液性、黏液性或脓性分泌物。

2. 防治　加强饲养管理，保持兔舍内清洁卫生，防止尘土飞扬，经常清理粪尿，特别在寒冷季节要注意通风，饲料中经常喂给胡萝卜等青绿饲料或添加维生素 A 等。以抗生素眼药水点眼，每天 3～4 次，有较好效果。

（八）中暑

中暑包括日射病和热射病。是由于家兔受到强日光直射或气温过高而引起中枢神经系统、血液循环系统和呼吸系统机能以及代谢严重失调的综合征。

1. 症状　病初精神不振，食欲减退或废绝，步态不稳，呼吸加快，体温升高，触诊体表有灼热感，可视黏膜潮红，口流涎。继续发展或严重病例出现神经症状，兴奋不安，盲目奔跑，随后倒地，痉挛或抽搐，虚脱昏迷死亡，怀孕母兔死亡率更高。

2. 防治　炎热季节兔舍要加强通风，利用喷水或风扇等方法降温。饲养密度要适当，防止过度拥挤。露天兔场和运动场应架设凉棚或植树，避免强日光照射。长途运输不要装载过密，并供给充足的饮水，保持适当通风，防止车内温度过高。饮水中加入适量的水溶性维生素可提高家兔的耐热性，避免在 6 月下旬至 8 月上旬繁殖配种。

发现中暑病兔，应立即采取急救措施。首先将病兔移到通风阴凉处，用湿毛巾或冰块冷敷头部，耳静脉放血，防止发生脑部和肺部充血、出血，喂饮或灌服加有水溶性维生素的淡盐水，口服人丹 3～5 粒和十滴水 3～5 滴并进行相应的支持疗法。

（九）外伤

由于兔笼、产箱、用具等尖利物的刺、挂，剪毛不慎，咬斗，粗糙不整的笼底的夹挤、扭挫、压磨，粗暴地捕捉、保定，高处跌落等，造成家兔被皮以及深部组织的损伤，甚至造成脱臼、骨折或截瘫等。

1. 症状　依致伤原因、部位和程度而有所不同。轻者可在体表部位出现不同程度的被毛缺损，被皮挫伤、刺伤和撕裂伤，伴有出血。严重者引起深部肌肉及其他组织的损伤或缺损等。更严重者四肢骨骼、肋骨以及脊椎造成损伤或骨折，表现骨折部位疼痛、肿胀、淤血或出血，远端游动，有骨摩擦音，行走跛行，拖行，跳行，甚至瘫痪。

2. 防治　加强饲养管理，防止咬斗、惊吓，捕捉与保定不要粗暴，剪毛要慎重，兔笼及笼底要光滑无刺，笼底缝隙要适当，可预防外伤发生。如出现外伤，应根据情况酌情处理。一般轻度皮肤擦伤不用处理可自愈。较轻的皮肤破伤涂2％碘酊即可。较重、较深的损伤，局部剪毛，用生理盐水或消毒药液清洗后修整缝合。陈旧外伤及化脓创用双氧水清洗排脓，然后用生理盐水清洗，再涂抹2％～5％碘酊或抗生素软膏。

如发生骨折、脱臼等，有必要时可整复固定，严重者应淘汰。

四、产科病

（一）不孕症

母兔屡配不孕，最常见的是母兔生殖器官疾病，如子宫炎、阴道炎、卵巢囊肿以及某些传染性疾病引起的生殖器官感染等。饲料中营养缺乏，使母兔体质瘦弱，生殖机能减退。营养过剩，兔体过肥，子宫、卵巢等受到过多脂肪的积压以及卵巢脂肪化，影响排卵与受精等。人工授精方法不当，精液保存不好，精液品质差等，都会影响母兔怀孕。

1. 症状 母兔屡配不孕，过肥或过瘦，发情无规律或不发情，有的从阴部流出炎性分泌物或脓汁。

2. 防治 母兔营养要平衡，膘情适中，过肥母兔要适当增加运动，减喂精料，增补青粗饲料。过瘦母兔应适当加强营养。对屡配不孕母兔，饲料要适当提高维生素 A 和维生素 E 的水平，增加光照，皮下注射雌二醇 1～2 mL 或促卵泡激素 0.5～1 mL，促进卵巢发育与卵泡成熟。发生生殖器官炎症或其他疾病时，应及时治疗生殖器官炎症及其他原发疾病。久治不愈的母兔应及早淘汰。

（二）子宫脱出

怀孕母兔营养不良，体质太弱，缺钙，运动不足，初产母兔胎儿过大，强烈努责，衰老母兔子宫松弛等引起子宫翻脱出体外。

1. 症状 母兔在分娩过程中或分娩后不久，部分子宫壁或子宫体从阴道中脱垂而出，呈圆球形或似肠管，刚脱出时呈红色，而后淤血、淡紫红色，久之暗紫红色或青色，黏膜水肿、增厚，甚至出血。

2. 防治 瘦弱母兔妊娠期间加强营养，调整钙磷比例，适当提高饲料中蛋白质质量与水平，适当运动，防止本病发生。如发生子宫脱出，应及时整复。整复时倒提患兔，水肿或淤血严重时使用浓盐水清洗，或用针头穿刺黏膜后挤压排液，并边挤压边翻送子宫，使之回复腹腔，然后涂布抗菌消炎药物。如复位后阴门过松，有再次脱出可能的，可在阴门两侧缝合一针，等不再脱出时拆线即可。整复后的母兔要使用抗菌药物，防止发生子宫炎。脱出时间过长，子宫发生坏死不能整复时，可手术切除，作育肥兔。

（三）妊娠毒血症

兔妊娠毒血症是孕兔妊娠后期常见的致死性代谢性疾病，经产兔和肥胖母兔多发。

1. 症状　大多在怀孕20多天出现，轻者症状不明显，重者可见精神沉郁，呼吸困难，尿量严重减少，呼出气体有酮味。死前可发生流产、共济失调，惊厥及昏迷等症状。血液学检查非蛋白氮升高，钙减少，磷增加，丙酮试验阳性。

2. 防治　治疗原则是补充血糖，降低血脂，保肝解毒，维护心肾功能。妊娠后期应供给富含蛋白质和碳水化合物并易消化的饲料，饲料中添加多种维生素以及葡萄糖等有一定预防效果。如有本病发生，可内服或静脉注射葡萄糖溶液、维生素C等。如病情严重，距分娩期较长，治疗无明显效果时，可采取人工流产救治母兔。

（四）产后瘫痪

本病多发生于高产母兔，主要原因为兔舍长期阴暗潮湿，缺乏光照，饲养中维生素D含量不足，钙、磷含量不足，或母兔对钙和磷吸收不好。产仔窝次多，体质消耗大，或患其他慢性疾病，都可引起产后瘫痪。

1. 症状　母兔出现跛行，后肢无力，腰背部发软、下凹，四肢麻痹，不能站立，后肢拖拽，卧伏于地，食欲减退或废绝，便秘，尿少、不通或失禁。

2. 防治　高产母兔产仔窝数不要太密，供给全价平衡饲料、特别注意维生素D、钙、磷水平及比例，适当增加日光照射与运动，兔舍通风透光，保持干燥，可有效防止本病发生。如出现病兔，要加强护理，铺加柔软垫草，并注意保温、静脉注射葡萄糖酸钙5～

10 mL，皮下注射维生素 D 1 mL，内服液体石蜡或蜂蜜等以防便秘。肌内注射复合维生素 B 2 mL，以促进神经功能的恢复。

（五）流产

怀孕母兔未到分娩期提前产出胎儿。引起流产的原因较多，如惊吓、剧烈运动、捕捉方法不当、摸胎用力过大、饲料中毒（有毒饲料和发霉变质饲料）、长途运输、咬架、饮冰水或饲喂冰冻饲料、饲料营养成分缺乏以及患某些疾病等。

1. 症状　早期流产可见母兔不安，精神不振，食欲减退，有努责，外阴部流出带血水液，有的出现衔草拉毛，而后产出没有成形的胎儿。流产早者可在怀孕 10 d 左右发生，晚者在产前 2～3 d 发生。

2. 防治　加强怀孕母兔的饲养管理，兔场保持安静，捕捉、摸胎要轻柔，慎喂有毒饲料（如棉籽饼），不喂冰冻饲料和饮冰水，供给全价配合饲料，及时治疗原发疾病。如发现有流产先兆时，可注射保胎宁或孕酮保胎。对已经发生流产母兔应加强护理，喂服抗菌消炎药物，防止产道感染发炎。

（六）子宫内膜炎和阴道炎

子宫内膜炎和阴道炎是家兔生殖器官常见病之一，也常是母兔不孕的主要原因之一。配种造成阴道和子宫的感染，或由于人工授精时用具消毒不严及手法粗硬，损伤阴道黏膜造成感染而发炎；也可由尿道炎、膀胱炎等邻近器官炎症蔓延所致；产后胎衣不下或产后感染也可发病；也可继发于某些传染性疾病等。

1. 症状　母兔屡配不孕，发情周期异常，尿频，阴门红肿，由阴门排出黏液性或脓性物，外阴部周围污秽，有的子宫蓄脓。

2. 防治　搞好种兔笼舍环境卫生，经常消毒，人工授精器具消毒要彻底，输精器滴管应每只一换，授精技术要得当，手法要轻柔。对屡配不孕的母兔要及时检查，发现问题及时治疗。发生阴道炎及轻度子宫内膜炎的病兔，可采用青霉素 40 万 U、链霉素 50 万 U、生理盐水 10 mL，混溶后用输精器插入阴道 7 cm 左右灌注，每只 2～3 mL，每日 1～2 次，2～3 d 即愈。重症子宫内膜炎，特别是子宫蓄脓时，可先用 0.9%生理盐水清洗子宫，然后用青霉素和链霉素治疗，也可用洁尔阴等药物治疗。

五、代谢性疾病

（一）异食癖

异食癖即家兔采食或舔食饲料以外物品的嗜好或恶习。饲料单一，饲料营养不全或不平衡，氨基酸、维生素、微量元素等的缺乏，都可引起异食。环境温度过高，饲养密度过大，通风不良，光照过强或过弱等引起应激时可诱发异食。也可继发于某些寄生虫病。

1. 症状　啃咬、舔食笼具、食槽、水槽、墙壁、砖瓦、土块、煤渣，啃咬其他兔的被毛以及自身被毛，严重者还会出现吃食仔兔（食仔癖）等。如营养元素缺乏时，可见相应的营养元素缺乏的症状。

2. 防治　饲料品种要多样化，并配制全价配合饲料，适量饲喂青绿饲料，根据需要适当补充氨基酸、维生素及微量元素等。注意通风透光，饲养密度要合理，定期驱虫。如发生异食癖，应根据相应缺乏元素进行补充。发生食仔癖时，除进行以上防治方法外，还应将新生仔兔取出寄养或定时送回哺乳。

（二）佝偻病和骨质软化症

佝偻病是幼龄动物由维生素 D 不足或钙、磷代谢障碍引起的一种代谢病。骨质软化症是成年动物由钙、磷代谢障碍引起的骨营养不良症。前者发生在生长发育快的幼兔，后者发生在成年兔。幼兔佝偻病多由于生长发育快，对钙磷需要量大，饲料单一，钙磷缺乏或比例不平衡，维生素 D 缺乏使骨骼钙化不全而发病。成兔骨软病也由于饲料中钙磷缺乏或二者比例不平衡，或维生素 D 缺乏，以及慢性消化系统疾病，影响钙磷消化吸收，引起钙磷缺乏，造成钙化的骨质进行性脱钙，骨质变疏松。

1. 症状　幼兔发生佝偻病表现食欲减退，消化不良，精神沉郁，异食癖，喜卧少动，四肢无力，生长发育缓慢或停滞，四肢关节肿大、变形，背凹陷，肋骨弯曲。成兔骨软病表现食欲减退，消化紊乱，异食癖，跛行，四肢骨骼变粗，关节肿大，肋骨与肋软骨结合处呈串珠状，头变松大，骨质疏松，严重者后肢瘫痪。

2. 防治　供给全价配合饲料，保证钙磷正确含量与比例，满足维生素 D 需要量，适当进行日光照射，及时治疗消化系统疾病。如发生佝偻病或骨软病时，应根据需要补饲骨粉、石粉、磷酸氢钙、钙片、维生素 A、维生素 D 粉或鱼肝油等，严重病例可静脉注射葡萄糖酸钙，肌内注射维生素 A、维生素 D 注射液。

（三）维生素缺乏症

植物中的维生素 A（胡萝卜素）原存在于各种青绿饲料及黄玉米、青干草、胡萝卜中，在肠上皮转变成维生素 A，并贮藏于肝脏中，当饲料单一，缺乏青绿饲料或饲料供给不足以及慢性肠道疾病和肝脏疾病时，最易引起缺乏。

1. 症状　维生素 A 缺乏幼兔表现生长停滞，活力下降，下痢，死亡。种兔受胎率下降，不易受孕，发生难产、流产、怪胎，并出现干眼病，眼结膜角质化，夜盲等。维生素 D 缺乏见佝偻病与骨软病。维生素 E 缺乏肌肉僵直，而后进行性肌无力，肌肉萎缩、变性、坏死，发生白肌病及全身出血和渗出。母兔不孕、流产，公兔睾丸变性、萎缩，精液品质下降，仔兔死亡率高。

2. 防治　配制饲料要多样化，有条件可配制全价配合饲料，适当添加多种维生素或含维生素类添加剂。根据表现症状，确定缺乏种类，补喂富含该维生素的饲料、添加剂或药物。河北农业大学山区研究所研制的兔乐，是家兔专用饲料添加剂，含有家兔需要的各种维生素和微量元素，0.5%添加到饲料中可防止家兔发生维生素缺乏症，促进家兔生长。

（四）微量元素缺乏症

家兔体内的微量元素包括铁、铜、锌、锰、硒、钴、碘等，虽然含量较少，但对整个机体生命活动的作用却非常重要，某一元素的缺乏，都能引起一系列的代谢紊乱、生长发育受阻、生殖机能障碍、生产性能和产品质量下降，对疾病的抵抗力降低，甚至发生严重的群发病或死亡。

1. 微量元素缺乏的原因　饲料及饮水中微量元素的含量与当地土壤成分极为密切。如果地方性土壤缺乏某一元素，可造成该地区这一元素的缺乏。目前规模养兔多采用配合饲料，配合饲料中如果不添加微量元素添加剂或添加量不足，也可引起相应元素的缺乏。另外，饲料中某一元素的拮抗物质过高，也可影响该元素的吸收和利用，引起相对缺乏。

2. 症状　由于缺乏的微量元素不同，其表现的临床症状及病理变化也各不相同。

硒缺乏症会出现不同程度的骨骼肌和心肌营养不良，色淡发白，骨软而无力，运动障碍。重者表现共济失调，心衰，皮肤及可视黏膜苍白，有的在胸腹下出现渗出和水肿，甚者衰竭死亡。

锌缺乏症使幼兔生长发育迟滞，皮肤角化不全或角化过度，易脱毛、断毛，皮肤有多量皮屑或发生皮炎，骨骼发育异常、粗而短，繁殖机能下降，发生早产、流产、死胎或不育等。

碘缺乏症由于体内碘的代谢平衡失调，甲状腺激素合成受阻，致使甲状腺组织代偿性增生、肿大，生长发育缓慢，消瘦，贫血，脱毛或秃毛，繁殖力下降。

锰缺乏症是家兔脂类和糖类代谢紊乱，生长发育受阻，骨骼畸形，长骨短粗而变弯，关节肿大，运动失调，繁殖机能障碍，不孕、流产、死胎。

铜缺乏症主要表现贫血、运动障碍、神经机能紊乱、骨和关节变形、被毛褐色、繁殖能力下降等。

3. 防治　加强饲养管理，饲喂全价配合饲料，适当添加矿物元素或微量元素添加剂，对某一元素缺乏的地区或兔场应特别补充。兔乐 2 号是根据家兔的生长发育特点而设计研制的，其中含有家兔需要的各种微量元素和维生素，可防治家兔微量元素缺乏症，促进家兔生长发育。

对已发生微量元素缺乏症的家兔，饲料中应加大微量元素添加剂用量，特别要补充所缺乏的元素，使用“兔乐”可得到缓解和治疗。家兔各微量元素需要量和添加补喂量可参阅营养与饲料配方部分以及各产品使用说明书。

【注意事项】

（1）群体发病，以流行病为主，如兔巴氏杆菌病、兔波氏杆菌病、兔球虫病。

（2）混合型疫病感染增多，如兔球虫病与兔巴氏杆菌病混合感染，兔瘟与兔巴氏杆菌病混合感染，兔球虫病与兔巴氏杆菌病、兔波氏杆菌病混合感染。

（3）亚型疫病多见，多由饲料添加预防药量不足或者是病原菌对药物的耐药性加大所致。病原菌易产生耐药性，使防治更加复杂化，用药剂量加大。

（4）疫病流行的季节性趋于不明显。如兔球虫病过去是梅雨季节易发，而现在一年四季均可发生。

六、中毒病

（一）有机磷中毒

有机磷农药有敌敌畏、敌百虫、1059、1605、乐果、3911 等，属高效剧毒杀虫剂。家兔接触、吸入或吃入了被某种有机磷农药污染的饲草、饲料等会中毒。

1. 症状　中毒病兔表现精神沉郁，反应迟钝，食欲废绝，肠蠕动增强，粪便变软、附有黏液或排稀粪，流涎，流泪，瞳孔缩小，呼吸急促，心跳加快，肌肉震颤，间或兴奋不安，痉挛，最后衰竭，昏迷，呼吸困难，体温下降，抽搐，四肢挣扎，窒息死亡。

2. 防治　加强农药管理，不用喷过有机磷农药而未过危险期的青草、青菜、农作物喂兔，不用拌药后的剩余种子喂兔，不使用盛放过农药的器具盛装饲料和饮水，不用喷洒过农药的喷雾器进行兔舍消毒，使用敌百虫等药物驱治兔体内外寄生虫时，方法、浓度、剂量要得当，并有专人负责，以防意外。

解磷定是有机磷中毒的特效解毒药，每千克体重 20～40 mL 静脉注射、皮下注射或腹腔注射，也可配合葡萄糖、维生素 C 等静脉注射，以维持体况。

（二）霉菌毒素中毒

家兔误食了发霉的饲草饲料后，除霉菌的直接致病作用外，霉菌产生的大量代谢产物霉菌毒素，对家兔具有一定的毒性，引起家兔中毒。能引起家兔中毒的霉菌种类比较多，其中以黄曲霉毒素毒性最强。

1. 症状　不同的霉菌所产生的毒素不同，家兔中毒后表现的症状也不同，但都以急性霉菌性肠炎及神经症状为主。在采食霉变饲料后很快出现中毒症状，精神委顿，不食，流涎，腹痛，消化紊乱，先便秘后腹泻，粪便带有黏液或带血，恶臭，呼吸加快，全身衰竭，特别是后躯明显，走路不稳或麻痹，有的出现转圈运动，角弓反张，以致昏厥死亡。怀孕母兔发生流产。抗菌药物不能控制病情，死亡率较高。

2. 病理变化　胃肠黏膜充血、出血、发炎，肝萎缩、色黄，心、肝、脾等有出血点，肾脏、膀胱有出血及炎性变化。

3. 防治　本病尚无特效解毒药物，主要在于预防。饲料饲草要充分晾晒干燥后贮存，注意防潮。湿法压制的颗粒饲料应现用现制。发现霉菌毒素中毒，应尽快查明发霉原因，停喂发霉饲料。应用缓泻药物排除消化道内毒物。内服制霉菌素或克霉唑等药物抑制或杀灭消化道内霉菌。静脉注射或腹腔注射葡萄糖注射液等维持体况。

（三）亚硝酸盐中毒

本病多由于食入大量含有硝酸盐和亚硝酸盐的饲料而发病。

1. 症状　多于采食后十几分钟至数小时发病，最急性者发病前精神良好，食欲旺盛，仅稍显不安，站立不稳即倒地死亡。一般病例呈现呼吸极度困难，全身发绀，特别是可视黏膜和耳部明显，体温正常或偏低，耳、四肢厥冷，耳尖血液有时少而凝滞、黑褐色，肌肉战栗，后期出现强直性痉挛，衰竭而死。

2. 病理变化　剖检可见各组织器官淤血、色暗红，流出血液黑褐色或酱油色，凝固不全。

3. 防治　青嫩饲草、菜叶要鲜喂，不要长时间堆放，剩余青绿饲料和雨水淋过的饲料敞放。如出现亚硝酸盐中毒，可用特效解毒药亚甲蓝（美蓝），每千克体重1～2 mg，配成1%溶液静脉注射，或用甲苯胺蓝，每千克体重5 mg，配成5%溶液静脉注射、肌内注射或腹腔注射。

（四）氢氰酸中毒

家兔采食富含氰苷的饲料，在胃内酶及水解的胃液盐酸作用下，产生游离的氢氰酸而中毒。

1. 症状　氢氰酸中毒发病很快，一般发病前精神良好，采食旺盛，采食含有氰苷的饲料后15 min左右出现腹痛不安，呼吸加快而且困难，可视黏膜鲜红（樱桃红色），口流白色泡沫状唾液，由兴奋转为抑制，呼出气体有苦杏仁味，随后全身极度衰竭无力，步态不稳，体温下降，倒地，后肢麻痹，肌肉痉挛，瞳孔放大，昏迷而死。穿刺静脉血鲜红，不易凝固。

2. 病理变化　全身各组织器官淤血，鲜红色，流出血液鲜红色、凝固不全、有苦杏仁味。

3. 防治　不用高粱、玉米幼苗，特别是二茬再生苗及桃、李、杏等的叶子喂兔，亚麻籽饼要蒸煮熟透后适量饲喂，南方的木薯及其制品要水浸脱毒后方可适量饲喂。如发生氢氰酸中毒，应立即用特效解毒药亚硝酸钠10～50 mg，配成5%溶液静脉注射，然后再静脉注射5%～10%硫代硫酸钠5～10 mL，并进行维持治疗。

（五）磺胺类药物中毒

磺胺类药物品种繁多，是家兔最常使用的抗菌消炎药物，一般使用比较安全，不易出现中毒。在磺胺类药物用药量过大或大剂量长时间连续使用时，也可引起中毒。使用磺胺类药物期间如饮水不足，可加重其中毒。

1. **症状**　急性中毒以药物性休克为主，表现厌食、共济失调、肌变形无力、麻痹、惊厥，以致昏迷死亡。慢性中毒表现食欲不振、喜饮水、消化不良、生长缓慢，并有程度不同的神经症状。有的在尿道形成结晶，出现结晶尿、血尿、蛋白尿、尿淋或尿闭等。

2. **防治**　为避免发生磺胺类药物中毒，应严格按照各药物使用说明给药，并严格控制用药剂量和用药期，用药期间给予充足的饮水，并配合使用碳酸氢钠，以减少结晶的形成，加速药物排泄。

出现磺胺类药物中毒时应立即停药，清除剩余拌药饲料，给予充足的饮水，饲料或饮水中投喂碳酸氢钠，促进药物排泄。饮喂维生素 C、葡萄糖，并配合其他辅助疗法有一定的治疗效果。

参考文献

[1] 任克良，秦应和．高效健康养兔全程实操图解［M］．北京：中国农业出版社，2018．

[2] 谷子林，秦应和，任克良．中国养兔学［M］．北京：中国农业出版社，2013．

[3] 任克良．现代獭兔养殖大全［M］．太原：山西科学技术出版社，2002．

[4] 任克良，陈怀涛．兔病诊疗原色图谱［M］．北京：中国农业出版社，2014．

[5] 谷子林，薛家宾．现代养兔实用百科全书［M］．北京：中国农业出版社，2007．

[6] 谷子林．肉兔饲养技术［M］．北京：中国农业出版社，2006．

[7] 任克良．家兔配合饲料生产技术［M］．北京：金盾出版社，2010．

[8] 秦应和．家兔饲养员培训教材［M］．北京：金盾出版社，2008．

[9] 史维军，王国华，耿光瑞．实用养兔技术一本通［M］．北京：化学工业出版社，2020．